高等职业教育优质校建设轨道交通通信信号技术专业群系列教材

传感检测与电子测量

主　编　付　涛
副主编　付宗见
参　编　朱彦龙　董心雨
主　审　陈享成

西南交通大学出版社
·成　都·

图书在版编目（ＣＩＰ）数据

传感检测与电子测量/付涛主编. —成都：西南
交通大学出版社，2019.8
高等职业教育优质校建设轨道交通通信信号技术专业
群系列教材
ISBN 978-7-5643-7001-5

Ⅰ.①传… Ⅱ.①付… Ⅲ.①传感器－检测－高等职
业教育－教材②电子测量技术－高等职业教育－教材
Ⅳ.①TP212.06②TM93

中国版本图书馆 CIP 数据核字（2019）第 159779 号

高等职业教育优质校建设轨道交通通信信号技术专业群系列教材

Chuangan Jiance yu Dianzi Celiang
传感检测与电子测量

主　编/付　涛

责任编辑/梁志敏
封面设计/吴　兵

西南交通大学出版社出版发行

（四川省成都市金牛区二环路北一段 111 号西南交通大学创新大厦 21 楼　610031）
发行部电话：028-87600564　028-87600533
网址：http://www.xnjdcbs.com
印刷：四川煤田地质制图印刷厂

成品尺寸　185 mm×260 mm
印张　11.75　字数　292 千
版次　2019 年 8 月第 1 版　印次　2019 年 8 月第 1 次

书号　ISBN 978-7-5643-7001-5
定价　36.00 元

课件咨询电话：028-87600533

前　言

　　本书是高等职业教育优质校建设轨道交通通信信号技术专业群系列教材之一，面向轨道交通相关高等职业教育领域，根据通信信号技术专业群平台课程教学改革的需要编写的，紧密结合高等职业教育特点，突出技术性与技能性，注重运用能力的培养。以信号的获取、转换与测量为主线，整合了自动检测技术（传感器技术）和电子测量仪器与仪表两大内容，并融入了智能仪器等新技术，涵盖了传感检测技术、典型的传感器与应用、测量误差与数据处理、常用的电子测量仪器与仪表及智能仪器等内容。每章都附有一定数量的思考与练习题，可以帮助学生进一步巩固课堂所学内容。本书紧密结合轨道交通领域相关技术应用情况，将传统的"传感器技术""电子测量技术"与"智能仪器"等内容进行梳理整合，可作为职业院校轨道交通通信信号技术专业群课程教材使用，也可作为铁路局、地铁公司职工的岗位培训教材，还可作为成人教育、职业培训的教材和有关工程技术人员的学习参考用书。

　　本书由郑州铁路职业技术学院付涛担任主编并统稿；付宗见担任副主编，朱彦龙、董心雨参加了编写。陈享成担任主审并提出了很多宝贵的修改意见，在此表示衷心的感谢。

　　由于时间仓促，编者水平有限，书中难免存在不妥之处，敬请广大读者批评指正。

编　者

2019 年 3 月

目　录

第一章　传感检测技术概要 ……………………………………………………… 1
　　第一节　检测技术与检测系统 ……………………………………………… 1
　　第二节　传感技术与轨道交通 ……………………………………………… 7
　　思考与练习 …………………………………………………………………… 15

第二章　结构型传感器及其应用 ………………………………………………… 16
　　第一节　电阻应变式传感器 ………………………………………………… 16
　　第二节　电容式传感器 ……………………………………………………… 25
　　第三节　电感式传感器 ……………………………………………………… 32
　　第四节　磁电式传感器 ……………………………………………………… 41
　　思考与练习 …………………………………………………………………… 45

第三章　物性型传感器及其应用 ………………………………………………… 47
　　第一节　霍尔式传感器 ……………………………………………………… 47
　　第二节　压电式传感器 ……………………………………………………… 55
　　第三节　热电式传感器 ……………………………………………………… 61
　　第四节　光电式传感器 ……………………………………………………… 72
　　第五节　光纤传感器 ………………………………………………………… 83
　　第六节　激光传感器 ………………………………………………………… 87
　　思考与练习 …………………………………………………………………… 91

第四章　电子测量技术概要 ……………………………………………………… 93
　　第一节　测量技术与电子测量 ……………………………………………… 93
　　第二节　测量误差与数据处理 ……………………………………………… 98
　　第三节　电子测量仪器认知 ………………………………………………… 104
　　思考与练习 …………………………………………………………………… 110

第五章　常用电子测量仪器 ……………………………………………………… 111
　　第一节　信号发生器 ………………………………………………………… 111
　　第二节　电压测量 …………………………………………………………… 121
　　第三节　波形测量 …………………………………………………………… 137
　　第四节　时间频率测量 ……………………………………………………… 147

　　思考与练习 …………………………………………………………… 155

第六章　智能仪器 ………………………………………………………… 158
　第一节　智能仪器概述 …………………………………………………… 158
　第二节　数据采集技术 …………………………………………………… 163
　第三节　数据通信技术 …………………………………………………… 167
　第四节　虚拟仪器 ………………………………………………………… 176
　　思考与练习 …………………………………………………………… 180

参考文献 …………………………………………………………………… 181

第一章　传感检测技术概要

当今社会科学技术发展日新月异，像"意识控制"、谷歌公司的"AlphaGo"、波士顿公司的"大狗机器人"等神话般的科技成果，以及"云物大智移"概念的横空出世，无不得益于信息科学的飞速发展。信息社会的三大支柱是信息的获取、信息的传输与信息的处理，与之相对应的控制技术、通信技术与计算机技术构成了信息技术的完整学科。传感检测技术正是实现信息化、自动化的基础与前提。它汇集和包含了多种学科的研究成果，是人类探索自然界、实现自动测量和自动控制的首要环节。

"没有传感器就没有现代科学技术"的观点已被全世界所公认。以传感器为核心的检测系统就像神经和感官一样，源源不断地向人类提供宏观与微观世界的各种信息，成为人们认识世界、改造世界的有力工具。

第一节　检测技术与检测系统

一、了解检测技术

在生产生活、科学研究的过程中，有时为了了解某个工作过程，需要对表征其特性的参量进行测量，如温度、压力、流量、浓度、成分、厚度、电压、电流等。而获取这些信息的过程就是检测，检测的目的即通过获得这些信息，对生产过程进行监督和控制，使其始终处于最佳状态，最终达到预期结果，图 1-1 所示为一个防火监控系统组成框图。

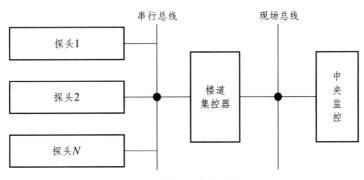

图 1-1　监控系统组成框图

探头：分别为感温、感烟探头，负责检测温度、烟雾浓度信号，输出的温度、烟雾浓度信号通过串行通信线送入集控器，具有超限报警功能。

楼道集控器：负责信号汇总，汇总各房间的温度和浓度信号，并监控各房间的温度、烟雾浓度是否异常，如有异常，进行声光报警并打开喷淋设备灭火，集控器应一层布置一台。

中央监控：各层集控器通过 CAN 总线、M-BUS 总线等现场总线将温度、烟雾浓度等信号进行中央监控。值班人员在计算机屏幕上直观监视各房间情况（温度、烟雾浓度）。

下面列举检测技术的几种应用。

1. 在工业生产过程中的测量与控制方面的应用

在工业生产过程中，必须对温度、压力、流量、液位和气体成分等参数进行检测，以实现对工作状态的监控，诊断生产设备的各种情况，使生产系统处于最佳状态，从而保证产品质量，提高效益。

2. 在汽车电控系统中的应用

汽车的安全舒适、低污染、高燃率越来越受到社会重视。而传感器相当于汽车的感官和触角，只有它才能准确地采集汽车的工作状态信息，提高自动化程度。汽车传感器主要分布在发动机控制系统、底盘控制系统和车身控制系统中。普通汽车上装有一二十个传感器，而在有些高级豪华车上传感器的使用多达三百个。因此，传感器作为汽车电控系统的关键部件，将直接影响汽车技术性能的发挥。

3. 在现代医学及生物科学研究领域的应用

在医学图像处理、临床化学检验、生命体征参数的监护监测、各种疾病的诊断与治疗等方面，传感检测仪器的使用十分普及。在生物科学研究领域中，对无机离子、有机物质、蛋白质、核酸，以及其他生化成分的检测，也离不开传感检测技术。

4. 在环境监测方面的应用

目前，已有相当一部分电化学、生物类传感器应用于城市整体环境监测、污染物排放点的监测及排放过程计量检测中，如对大气环境二氧化硫、有机物排放、粉尘颗粒浓度、水中有机污染物浓度等的监测，这个过程中也出现了多种新的检测方法和监测手段。

5. 在军事方面的应用

传感检测技术在军用电子系统方面的运用促进了武器、作战系统、控制、监视和通信方面的智能化。传感检测技术在远方战场监视系统、防空系统、雷达系统、导弹系统，以及航天技术发展方面都有广泛的应用，是提高军事战斗能力和航天军事水平的重要技术因素。

6. 在家用电器方面的应用

家用电器正向自动化、智能化、节能环保的方向发展。空调器中采用微型计算机控制配合传感检测技术，可以实现压缩机的启动、停止、风机控制、换气等，从而对温度、湿度和空气浊度进行控制。随着人们对家用电器方便、舒适、安全、节能要求的提高，传感检测技术将得到越来越普遍的应用。

7. 在智能建筑领域中的应用

智能建筑是未来建筑的一种必然趋势，它涵盖智能自动化、信息化、生态化等多方面的内容，具有微型集成化、高精度、数字化和智能化特点的传感器将在智能建筑中占有重要的地位，今后的作用将更加突出。

除此之外，检测技术还应用于国防科技、生产生活等各个方面，此处不再一一列举。

二、检测的概念

所谓检测，就是人们借助于仪器设备，利用各种物理、化学、生物等效应，采用一定的方法，将客观世界的有关信息通过检查与测量获取定性或定量的认识过程。检测包含检查与测量两个方面，检查往往是获取定性信息，而测量则是获取定量信息。

所谓定性，是指通过测量能大致判断出被测量存在与否，或者在某一个数量范围内。比如机场、考场使用金属探测器进行的检查过程。还有一些定性测量是依靠经验进行判断的，比如用手触摸额头来判断是否发烧，人体对环境温度的判断等。

所谓定量，是指用一定精度等级的测量仪器、仪表确定出被测量比较精确的数值大小。比如温度计、磅秤等。

三、检测系统的组成

如图 1-2 所示为传感检测系统的组成框图。虚框内为传统的检测系统或检测装置的基本组成，主要由传感器、测量电路、仪器显示等组成。现代检测技术可以通过数据采集与接口技术将测量电路输出量输入给计算机，通过计算机的分析处理将结果反馈给控制单元实现自动控制，或是通过通信网实现结果共享、远程监测与控制、接入"物联网"等。

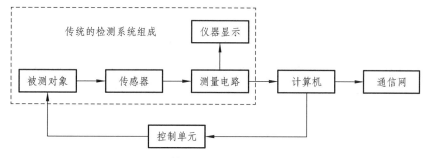

图 1-2 传感检测系统的组成框图

1. 被测对象

被测对象输出的可以直接是被测量，也可以是由被测对象的动作间接产生的被测量。被测量可以是物理量、化学量、生物量等，但大多为非电量。

2. 传感器

传感器是一种能够感受被测量，并按一定的精度将被测量转换为与之有确定关系、便于处理的另一种测量量的装置。由于被测量大多为非电量，而传感器输出的大多为电量，也可以狭义地讲：传感器是完成将非电量转换为电量的装置。

3. 测量电路

测量电路的作用是将传感器的输出信号进行变换，使输出信号转变为满足后一级电路(显示电路、仪器仪表、采集系统等)要求的信号。也可以简单地说，就是将传感器输出的信号转换为后一级电路可以识别的信号。

4. 仪器显示

仪器显示包含仪器仪表与显示面板两种类型，有些是将测量结果通过显示器反映出来并由面板控制按钮进行控制操作，也有些是将一些特殊的测量量通过专用的仪器仪表进行测量显示。

5. 仪器接口

仪器接口包括数据采集、A/D 与 D/A 转换、人机接口、数据通信接口等，它将检测系统输出的信号送入计算机系统，从而实现自动检测与控制、远程监测与控制等。

四、检测装置的性能

检测装置就是确定被测量大小的仪器，它既可由许多单独的部件组成，也可以是一个不可分的整体。前者多用于复杂的仪器或实验装置中，后者多为工业用的简单仪表。无论是简单仪表还是复杂仪器，工程上使用的现代检测装置基本上都是由传感器、测量电路与显示面板等部分组成。

检测装置的基本性能是指仪器仪表的输出对输入的响应质量，包括静态特性和动态特性两大类。所谓静态特性是指被测量处于稳定状态下，仪器仪表输出与输入之间的关系；动态特性是指测量装置或系统的输出对于随时间快速变化的输入量的动态响应。当被测量是恒定量或是缓慢变化量时，可以通过一些静态指标衡量；当被测量变化较快时，必须研究输入量变化过程中输出响应的动态误差。下面就介绍几个衡量静态特性的指标。

1. 精度

检测装置的精度包括精密度、准确度和精确度 3 项内容。

1）精密度

精密度是指在相同条件下，对同一个量进行重复测量时，这些测量值之间的相互接近程度即分散程度，反映了随机误差的大小。

2）准确度

准确度表示测量仪器指示值对真值的偏离程度，它反映了系统误差的大小。

3）精确度

精确度是精密度和准确度的综合反映，它反映了系统综合误差的大小，并且用来表示测量误差的相对值。

如图 1-3 所示为打靶弹着点分布图，图（a）的弹着点很分散，它的精密度很低；图（b）的弹着点集中但偏向一方，相当于精密度高但准确度低；图（c）的弹着点集中靶心，相当于既精密又准确，精确度高。

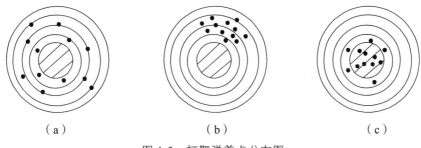

（a）　　　　　　　　　　　（b）　　　　　　　　　　　（c）

图 1-3　打靶弹着点分布图

精确度反映了测量中各类误差的综合。测量精确度越高，测量结果中包含的系统误差和随机误差越小，当然测量装置的价格就越昂贵。误差理论分析表明，由若干台不同精确度的测量仪器组成的测试系统，其测试结果的最终精确度主要取决于精确度最低的那台仪器。因此，应从被测对象的实际情况出发，选用同等精确度的测量仪器，以获得最佳的技术经济效益。

2. 灵敏度

灵敏度是指单位输入量所引起的输出量的大小。如水银温度计输入量是温度，输出量是水银柱高度，若温度每升高 1 ℃，水银柱高度升高 1 mm，则它的灵敏度可以表示为 1 mm/ ℃。测量装置的静态灵敏度是由静态标定来确定的，即由实测该装置的输入、输出来确定。这种关系曲线叫标定曲线，而灵敏度可以定义为标定曲线的斜率：

$$S_a = \frac{\Delta y}{\Delta x} \tag{1-1}$$

式（1-1）中，S_a 表示测量装置的静态灵敏度，Δy 表示输出信号的变化量，Δx 表示被测参数的变化量。

原则上说，测量装置的灵敏度应尽可能高，这意味着它能检测到被测参量极微小的变化，即被测参量稍有变化，测量装置就有较大的输出，并显示出来。因此，在要求高灵敏度的同时，应特别注意与被测信号无关的外界噪声的侵入。为达到既能检测微小的被测参量，又能使噪声尽量降低的目的，要求测量装置的信噪比越大越好。一般来讲，灵敏度越高，测量范围越窄，温度稳定性也越差。

3．测量范围与量程

测量范围是指被测量按照规定精确度进行测量的范围。量程是指测量装置允许测量的输入量的上、下极限值。使用时，要求被测量应在量程范围内，如量程为 5 A 的电流表不允许测量 8 A 的电流。与量程有关的另一个指标是测量装置的过载能力，超过允许承受的最大输入量时，测量装置的各种性能指标得不到保证，这种情况称为过载。过载能力通常用一个允许的最大值或用满量程值的百分数表示。

4．稳定性

稳定性表示测量装置在一个较长的时间内保持其性能参数的能力，也就是在规定的条件下，测量装置的输出特性随时间的推移而保持不变的能力。一般以室温条件下经过一个规定的时间后，测量装置的输出与起始标定时的输出差异程度来表示其稳定性。影响稳定性的因素主要是时间、环境、干扰和测量装置的器件状况。因此，选用测量装置时应考虑其抗干扰能力和稳定性，特别是在复杂环境下工作时，应考虑各种干扰（如电磁辐射等）的影响。

五、检测技术的发展方向

检测技术是科技领域的重要组成部分，可以说科技发展的每一步都离不开检测技术的配合，尤其是极端条件下的检测技术，已成为认识自然的重要手段。近几十年来，随着电子技术的快速发展，检测方法大都通过各种传感器完成电量转换，使测量对象转换成电量。但由于信号本身的强弱、传感器及测量仪噪声等的影响，检测的灵敏度及准确性受到了很大的限制。

总体来说，检测技术的发展方向如下。

1）努力提高检测精度和检测可靠性

随着科学技术的发展，对检测仪器和检测系统的性能要求，尤其是精度、测量范围、可靠性指标的要求越来越高。例如，在卫星上安装的检测仪器，不仅要求体积小、质量轻，而且要既能耐高温，又能在极低温和强辐射的环境下长期稳定地工作。

2）努力拓宽检测范围

目前，除了超高温、超低温度检测仍有待突破外，诸如混相流量检测、脉动流量检测、微差压（几十帕）、超高压检测、高温高压下物质成分检测、分子量检测、高精度、大吨位质量检测等都是需要尽早攻克的检测难题。

3）传感器逐渐向集成化、组合式、数字化方向发展

目前已有不少传感器实现了敏感元件与信号调理电路的集成和一体化，对外直接输出标准的 4～20 mA 电流信号，成为名副其实的变送器。这对检测仪器整机研发与系统集成提供了很大的方便，亦使得这类传感器身价倍增。一些厂商把两种或两种以上的敏感元件集成于

一体，成为可实现多种功能的新型组合式传感器。例如，将热敏元件、湿敏元件和信号调理电路集成在一起，一个传感器可同时完成温度和湿度的测量。

4）非接触式检测技术的研究

在检测过程中，把传感器置于被测对象上，可灵敏地感知被测量的变化，这种接触式检测方法直接、可靠、测量精度较高，但在某些情况下，传感器的安装会影响测量精度或根本不能安装，这就要采用非接触式检测。

5）检测系统的智能化

智能化检测系统以计算机为中心,完成电量/非电量的多种测量、多输入通道的多点测量、在线动态实时测量、信号的分析处理、排除噪声干扰、消除偶然误差、修正系统误差等功能，以实现测量结果的高准确度和对被测信号的高分辨率。

第二节　传感技术与轨道交通

一、了解传感器

传感技术的应用在人们的生产生活中日趋广泛，可以说是无处不在。中国工程院院士丁荣军描绘了传感技术在轨道交通领域的六大应用场景：一是收集列车的运行状态信息；二是集成化的高速综合检测列车；三是列车综合性能全面检测；四是用于钢轨探伤；五是轨道状态远程监测；六是室内外环境综合传感。例如，仅以我国自主研发的高铁列车代表作和谐号380AL 为例，一辆列车里的传感器数量多达 1000 多个，平均每 40 个零部件里就有一个是传感器。它们承担着状态监视、故障报警、车载设备控制等功能。这还只是车载传感器系统。

1. 传感器定义和组成

国家标准 GB 7665—87 对传感器下的定义是：能感受规定的被测量件并按照一定的规律（数学函数法则）转换成可用信号的器件或装置，通常由敏感元件和转换元件组成。

中国物联网校企联盟认为，传感器的存在和发展，让物体有了触觉、味觉和嗅觉等感官，让物体慢慢变得活了起来。在实际的应用中，传感器通常是将各种现实世界的非电量转化为可测量的电信号，它获得的信息正确与否，直接关系整个系统的精度。传感器又称为变换器，其应用范围很广泛，甚至可以感知人类感官无法觉察的环境变化，是人类五官的延长，通常又把传感器称为"电五官"。

传感器通常由敏感元件和转换元件组成，如图 1-4 所示。其中，敏感元件是指传感器中能直接感受或响应被测量的部分；转换元件是指传感器中能将敏感元件感受或响应的被测量转换成适于传输或测量的电信号的部分。

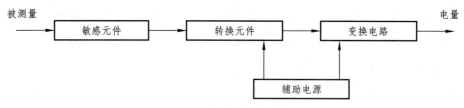

图 1-4　传感器组成方框图

需要说明的是，并不是所有的传感器都必须包括敏感元件和转换元件。如果敏感元件直接输出的是电量，它就兼作转化元件，如压电晶体、热电偶等；如果转换元件能直接感受被测量而输出与之成一定关系的电量，则传感器无敏感元件，如热敏电阻、光电元件等。

由于转换元件输出信号一般都很微弱，需要变换电路进行放大和调制，现在许多集成传感器都将变换电路及其工作辅助电源做成一体，集成在一个芯片中进行封装。

二、传感器的分类

传感器的分类方法很多，但常用的分类方法有两种：一种是按测量对象分类，如温度传感器、湿度传感器、力传感器、位移传感器、速度传感器等；另一种是按传感器的工作原理分类，如热电式传感器、电容式传感器、压电式传感器、磁电式传感器等。

除此之外，还有其他一些分类方式（见表 1-1）。

1. 按照工作机理分类

按照工作机理可分为结构性传感器和物性型传感器。

结构性传感器因被测参数的变化引起传感器的结构变化，导致输出电量的变化，它是利用物理学中的场定律和运动定律等构成，如电容式传感器、电感式传感器。

物性型传感器利用某些物质或某种性质随被测参数变化的原理构成，如湿敏传感器、霍尔传感器等。

2. 按照能量转换情况分类

按照能量转换情况可分为能量控制型传感器和能量转换型传感器。

能量控制型传感器在信息变化过程中，其能量需要外电源供给。如电阻、电感、电容等电路参量传感器都属于这一类传感器。基于应变电阻效应、磁阻效应、热阻效应、光电效应、霍尔效应等的传感器也属于此类传感器。

能量转换型传感器主要由能量变化元件构成，它不需要外电源。如基于压电效应、热电效应、光电动势效应等的传感器都属于此类传感器。

3. 按照输出信号的形式分类

按照输出信号的形式可分为模拟式传感器和数字式传感器，其输出量分别是模拟量和数字量。

表 1-1　传感器的分类

分类法	型　式	说　明
按测量对象	位移、压力、温度、流量、加速度等	以被测量（即用途）分类
按工作原理	电阻式、热电式、光电式等	以传感器转换信号的工作原理命名
按基本效应	物理型、化学型、生物型	分别以转换中的物理效应、化学效应等命名
按工作机理	结构型	以转换元件结构参数变化实现信号的转换
	物性型	以转换元件物理特性变化实现信号的转换
按能量转换	能量转换型（自然型）	传感器输出量直接由被测量能量转换而得
	能量转换型（外源型）	传感器输出量能量由外源供给，但受被测输入量控制
按输出信号特性	模拟式	输出为模拟信号
	数字式	输出为数字信号
按电源	有源式	不需要外接电源即可工作
	无源式	需要外接电源才可工作

三、传感器的基本特性

传感器的特性主要是指输入与输出的关系，分为静态特性和动态特性。静态特性是指被测量为常量或变换极慢，即被测量的值处于稳定状态时输入与输出的关系。动态特性是指输入量随时间变化的特性。动态特性的研究方法与控制理论的研究方法相似，本章不再重复，这里仅介绍静态特性的一些指标。

传感器的静态特性可用一组性能指标来描述，如线性度、灵敏度、分辨力、迟滞、重复性、精度和漂移等。

1. 线性度

线性度是指传感器的输出量和输入量之间的实际关系曲线偏离直线的程度，又称为非线性误差。

传感器的线性度常用在全程测量范围内实际特性曲线与拟合直线之间的最大偏差值 ΔL_{max} 与满量程输出值 Y_{FS} 之比表示，即

$$\gamma_L = \pm \frac{\Delta L_{max}}{Y_{FS}} \times 100\% \qquad (1-2)$$

式中　ΔL_{max}——最大非线性绝对误差；

　　　Y_{FS}——满量程输出值。

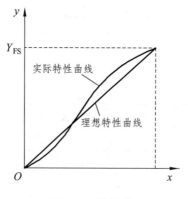

图 1-5　线性度

从传感器的性能看，希望输入输出特性曲线具有线性关系，但实际遇到的传感器大多为非线性，如图 1-5 所示。因此，常常选用拟合直线代替实际曲线。拟合直线的选取有多种方法，常用的拟合方法有：① 理论拟合；② 过零旋转拟合；③ 端点连线拟合；④ 端点平移拟合；⑤ 最小二乘法拟合等（见图 1-6）。选择拟合直线的出发点是获得最小的非线性误差，考虑是否使用方便、计算简便。通常用最小二乘法求取拟合直线，应用此方法拟合的直线与实际曲线的所有点的平方和最小，其线性误差较小。

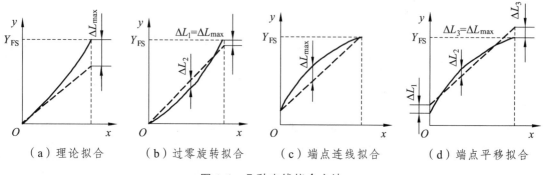

（a）理论拟合　　　（b）过零旋转拟合　　　（c）端点连线拟合　　　（d）端点平移拟合

图 1-6　几种直线拟合方法

2. 灵敏度

灵敏度是指输出增量 Δy 与引起输出量增量 Δy 变化的输入增量 Δx 之比，它反映了测量仪表对被测参数变化的响应能力，常用 S 表示灵敏度，即

$$S = \frac{\Delta y}{\Delta x}$$

（1-3）

灵敏度 S 值越大表示传感器越灵敏。

线性传感器的灵敏度就是它的静态特性的斜率，其灵敏度 S 在整个测量范围内为常量，如图 1-7（a）所示。而非线形传感器的灵敏度为一变量，用 $S = \mathrm{d}y/\mathrm{d}x$ 表示，实际上就是输入输出特性曲线上某点的斜率，且灵敏度随输入量的变化而变化，如图 1-7（b）所示。

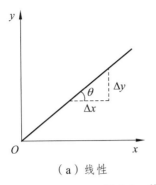 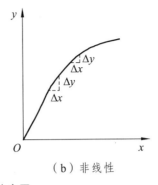

（a）线性　　　　　　　　　　（b）非线性

图 1-7　传感器的灵敏度图

3. 分辨力

传感器的分辨力是指在规定测量范围内所能检测的输入量的最小变化量。分辨力可用绝对值表示，也可以用满量程的百分数表示。当被测量变化小于分辨力时，传感器对输入量的变化无任何反应。

在传感器输入零点附近的分辨力称为阈值。

4. 迟滞

迟滞是指传感器在正（输入量增大）、反（输入量减小）行程中输入输出特性曲线不重合的现象。迟滞特性曲线如图 1-8 所示，一般由实验方法获得。传感器同大小输入信号的正反行程输出信号大小不等，这个差值称为迟滞差值。传感器在全量程范围内最大迟滞差值与满量程输出值之比称为迟滞误差，用 γ_H 表示，即

$$\gamma_H = \frac{\Delta H_{max}}{Y_{FS}} \times 100\% \tag{1-4}$$

迟滞误差又称回差和变差。

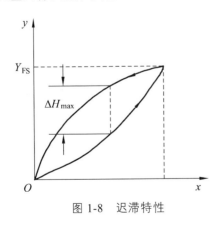 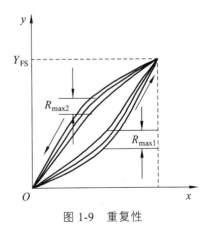

图 1-8　迟滞特性　　　　　　　　　　图 1-9　重复性

5. 重复性

重复性是指传感器在输入量按同一方向做全量程连续多次变化时，所得特性曲线不一致

的程度（见图 1-9）。重复性误差属于随机误差，常用标准差计算，也可用正反行程中最大重复差值计算，即

$$\gamma_R = \pm \frac{(2\sim3)\delta}{Y_{FS}} \times 100\%$$ （1-5）

或　　　　　　　$$\gamma_R = \pm \frac{\Delta R_{max}}{Y_{FS}} \times 100\%$$ （1-6）

四、传感器选型原则

根据环境合理地选用传感器，是在进行某个量的测量时首先要解决的问题。当传感器确定之后，与之相配套的测量方法和测量设备也就可以确定了。测量结果的成败，在很大程度上取决于传感器的选用是否合理。要进行一个具体的测量工作，首先要考虑采用何种原理的传感器，这需要分析多方面的因素之后才能确定。因为，即使是测量同一物理量，也有多种原理的传感器可供选用，哪一种更为合适，需要根据被测量的特点和传感器的使用条件具体考虑。例如：量程的大小；被测位置对传感器体积的要求；测量方式为接触式还是非接触式；信号的引出方法，是有线还是非接触测量；传感器的来源，是国产还是进口，价格能否承受，是否自行研制等。

综合考虑上述问题之后，确定选用何种类型的传感器，然后再考虑传感器的具体性能指标。

1. 灵敏度的选择

通常，在传感器的线性范围内，希望传感器的灵敏度越高越好。因为只有灵敏度高时，与被测量变化对应的输出信号的值才比较大，有利于信号处理。但要注意的是，传感器的灵敏度高，与被测量无关的外界噪声也更容易混入，还会被放大系统放大，影响测量精度。因此，应要求传感器本身应具有较高的信噪比，尽量减少从外界引入的干扰信号。

传感器的灵敏度是有方向性的。当被测量是单向量，而且对其方向性要求较高时，应选择其他方向灵敏度小的传感器；如果被测量是多维向量，则要求传感器的交叉灵敏度越小越好。

2. 频率响应特性

传感器的频率响应特性决定了被测量的频率范围，必须在允许频率范围内保持不失真。实际上，传感器的响应总有一定延迟，希望延迟时间越短越好。

传感器的频率响应越高，可测的信号频率范围就越宽。

在动态测量中，应根据信号的特点（稳态、瞬态、随机等）确定响应特性，以免产生过大的误差。

3. 线性范围

传感器的线性范围是指输出与输入成正比的范围。理论上讲，在此范围内，灵敏度保持定值。传感器的线性范围越宽，其量程越大，并且能保证一定的测量精度。在选择传感器时，

当传感器的种类确定以后首先要看其量程是否满足要求。

但实际上，任何传感器都不能保证绝对的线性，其线性度也是相对的。当所要求测量精度比较低时，在一定的范围内，可将非线性误差较小的传感器近似看作线性的，这样会给测量带来极大的方便。

4. 稳定性

传感器使用一段时间后，其性能保持不变的能力称为稳定性。影响传感器长期稳定性的因素除传感器本身的结构外，主要取决于传感器的使用环境。因此，要使传感器具有良好的稳定性，必须使其有较强的环境适应能力。

在选择传感器之前，应对其使用环境进行调查，并根据具体的使用环境选择合适的传感器，或采取适当的措施，减小环境的影响。

传感器的稳定性有定量指标，超过使用期后，在使用前应重新进行标定，以确定传感器的性能是否发生了变化。

在某些要求传感器能长期使用而又不能轻易更换或标定的场合，对所选传感器稳定性的要求会更严格，要能够经受住长时间的考验。

5. 精度

精度是传感器的一个重要的性能指标，它关系到整个测量系统的测量精度。传感器的精度越高，其价格越昂贵，因此，传感器的精度只需满足整个测量系统的精度要求即可，不必选得过高。这样就可以在满足同一测量目的的诸多传感器中，选择较为便宜和简单的传感器。

如果测量目的是定性分析，选用重复精度高的传感器即可，不宜选用绝对量值精度高的传感器；如果是为了定量分析，必须获得精确的测量值，就需要选用精度等级能满足要求的传感器。

对某些特殊使用场合，若无法选到合适的传感器，则需自行设计制造传感器。自制传感器的性能应满足使用要求。

举例来说，在进行温度测量的时候，需要用到温度传感器，表 1-2 列出了 3 种不同的温度传感器和其适用的测量场合，可根据情况进行选择。

表 1-2　温度传感器的选择

温度传感器	热敏电阻 ECT-103	测温范围 $-55 \sim 315\ ℃$； 能检测出 $6 \sim 10\ ℃$ 的温度变化； 适用于温度较高，精度要求不大的场合
	两线式铂金属传感器 PT100	测温范围 $-200 \sim +850\ ℃$； 在 $0 \sim 100\ ℃$ 之间变化时，最大非线性偏差小于 $0.5\ ℃$，具有较好的植入深度； 测温范围较大，适用于狭小空间设备测温和控制
	数字信号输出 DS18B20	测温范围 $-55 \sim +125\ ℃$； 温度分辨率可达 $0.0625\ ℃$； 数字量输出； 适用于各种狭小空间设备的数字测温和控制领域，可用于多点测量

五、轨道交通中的传感器

2015 年，中国中车首次推出自主化全自动"无人驾驶"地铁列车。该列车可通过感知系统实现自主识别障碍物、道路、交通信号，这套感知系统是机器取代驾驶员的关键。未来，传感器和人工智能技术将在轨道交通领域实现深度融合，但轨道交通信息化的核心价值没有改变，仍然是安全、可靠、高效、便捷和经济。虽然与汽车和无人机相比，行驶在固定轨道上的列车发生意外碰撞的概率要小得多，但此类碰撞一旦发生，带来的损失将不可估量。中国工程院院士钱清泉表示，对轨道交通而言，安全仍是摆在第一位的需求。他说："以前，我们对列车的控制主要靠信号灯，比较原始，随着新一代列车控制系统的研发和部署，情况已大大改观。相信随着智能传感技术的进一步发展和应用，列车在变得更聪明的同时，也会变得更安全。"

下面介绍几个传感技术在轨道交通领域应用的案例。

1. 屏蔽门防夹检测

传感器在保证轨道交通安全方面的一个重要应用就是屏蔽门。过去曾多次出现将乘客夹在屏蔽门和列车门之间的事故，现在越来越多的轨道交通车站正在安装或计划安装红外传感器或光传感器，以防乘客变成"夹心饼干"。

2. 列车车厢温度控制

在城市轨道交通车辆的空调系统中，常用传感器与电子温控器相配合进行温度控制。温控器多使用电子调节器，传感器用作温度检测，一般采用热电偶或热敏电阻作传感器。

3. 列车车厢防火监控

列车需要对车厢中的温度进行测量，以达到防火监控的目的。目前，列车上主要使用烟雾报警器和红外报警器来进行防火监控。例如，乘客在车上吸烟时，会触发烟雾报警器。

4. 光纤光栅传感器在列车健康监测中的应用

轨道装备的智能诊断与维护检修是轨道交通装备智能化的重要方向。在轨道装备的智能诊断中，需要由各类高精度传感器来获取铁路运行的大量实时信息。这些信息汇总到铁路指挥调度中心的专家系统，完成故障预警和故障诊断，并通过智能网络支持列车的维护检修。光纤光栅传感器在列车健康状况参数的实时监测中具有很大优势,因为它可以测量许多参数，同时也可以很方便地成网分布，对大量信息进行实时监测。

5. 光纤传感器在铁道灾害防治中的应用

我国是一个自然灾害多发的国家，每年发生的地震、洪水、风暴、滑坡、泥石流、冰雪等自然灾害给铁路运输带来了严重的损失。通过铁路防灾监控系统，可以提前对铁路沿线灾害的发生进行预测，并在灾害发生后帮助指挥人员及时响应，将灾害的损失降到最低。光纤传感器由于其优异的测量性能，在铁路的自然灾害监测中有着良好的应用前景。

思考与练习

1. 举例说明在获取信息时定性与定量的差异。

2. 选取一个日常生活中检测系统实现自动控制的应用案例，如空调控温、汽车定速巡航等，试简述它的工作流程或原理。

3. 一线性位移测量仪，当被测位移由 5 mm 变为 8 mm 时，输出电压由 3 V 变为 4.5 V，求仪器的灵敏度。

4. 查阅相关信息，了解为什么说 5G 开启了万物互联时代，并试着简述传感器与物联网的关系。

5. 为什么说传感器理想的输入与输出关系是线性的？

6. 通过查阅相关资料，写一篇与传感检测技术相关的新技术、新工艺、新产品、新应用的综述性调查报告。

第二章　结构型传感器及其应用

第一节　电阻应变式传感器

为了保证轨道交通设施的安全可靠，必须利用检测技术对轨道交通设施的工程质量进行检验，同时为评价轨道交通设施的工程缺陷和鉴定工程事故提供依据。例如，在结构施工期间，变形监测中的支护结构和建筑项目主要采用应变片和应变计进行应变测试，如图2-1所示。

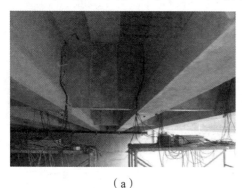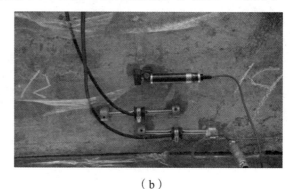

（a）　　　　　　　　　　　　　　　　（b）

图 2-1　工程施工中的应变测试

那么，什么是应变片呢？1856年，英国物理学家开尔文在指导敷设横穿大西洋的海底电缆工程时，发现海水压力电缆引力会对电缆阻值产生影响，这就是金属材料应变现象的电阻效应。1923年，布里奇曼再次验证了开尔文的发现，并发明了用于测量水深的压力计。1936—1938年，美国加利福尼亚理工学院教授西蒙斯和麻省理工学院教授鲁奇分别同时研制出电阻丝式纸基应变片。从此，应变片技术逐步扩展到世界各国，大家也认同1938年为粘贴式电阻应变片的诞生年。

一、电阻应变效应

导体或半导体材料在外界力的作用下产生机械变形时，其电阻值发生相应变化，这种现象称为"电阻应变效应"。金属电阻的应变效应主要是由于其几何形状的变化而产生的，半导体材料的应变则主要是由于材料的电阻率随应变引起的变化而产生的。

下面以金属丝应变片为例分析这种效应。

如图 2-2 所示，一根金属电阻丝长为 L、截面积为 S、电阻率为 ρ，在其未受力时，原始电阻值为

$$R = \rho \frac{L}{S} \tag{2-1}$$

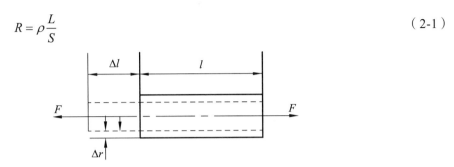

图 2-2 金属电阻丝应变效应

设半径为 r 的圆导体（见图 2-2），若 L、S 和 ρ 均发生变化，则其电阻也随之变化，对式（2-1）两边取对数并全微分，电阻的相对变化为

$$\frac{\Delta R}{R} = \frac{\Delta L}{L} - \frac{\Delta S}{S} + \frac{\Delta \rho}{\rho} \tag{2-2}$$

将 $S = \pi r^2$ 代入，并根据应变关系和胡克定律得到

$$\frac{\Delta R}{R} = (1 + 2\mu)\varepsilon + \frac{\Delta \rho}{\rho} \tag{2-3}$$

式中　ε——导体的纵向应变；

μ——材料的泊松比。

一般将单位应变所引起的电阻相对变化称为金属丝的灵敏系数 K，那么：

$$K = \frac{\Delta R / R}{\varepsilon} = 1 + 2\mu + \frac{\Delta \rho / \rho}{\varepsilon} \tag{2-4}$$

大量实验表明，在电阻丝拉伸比例极限范围内，电阻的相对变化与其所受的轴向应变是成正比的，即 K 为常数，于是可以写成

$$\frac{\Delta R}{R} = K\varepsilon_{\mathrm{x}} \tag{2-5}$$

由此可见，因应力作用产生的应变正比于电阻的相对变化量，这就是利用应变片测量应变或应力的基本原理。

二、电阻应变式传感器

电阻应变式传感器是利用电阻应变片将应变转换为电阻变化的传感器，当被测物理量作用在弹性元件上时，弹性元件的变形引起应变敏感元件的阻值变化，通过转换电路转变成电

量输出，电量变化的大小反映了被测物理量的大小。

金属丝式电阻应变片典型的结构如图 2-3 所示，由敏感栅、基片、覆盖层和引线等部分组成。

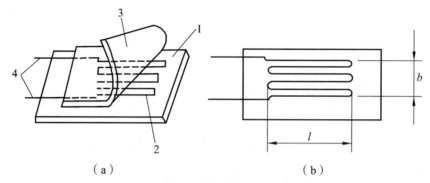

图 2-3　金属电阻丝应变片基本结构

1—基片；2—敏感栅；3—覆盖层；4—引线

（1）敏感栅：敏感栅是应变片的核心部分，由直径为 0.025 mm、高电阻率的合金电阻丝绕制而成，栅长为 l，栅宽为 b，静态电阻值有 60 Ω、120 Ω、200 Ω 等多种规格。

（2）基片：基片多采用黏结剂和有机树脂薄膜制成，厚度为 0.02 ~ 0.04 mm，是敏感栅与弹性元件间的绝缘层。

（3）覆盖层：覆盖层起到保护敏感栅的作用，也是由黏结剂和树脂薄膜制成。覆盖层、敏感栅和基片由黏结剂黏结在一起。

（4）引线：应变片的引线常采用直径为 0.1 ~ 0.15 mm 的镀锡铜线，引线与敏感栅可靠焊接，具有电阻率低、电阻温度系数小、抗氧化、耐腐蚀等特点。

把应变片粘贴于所需测量的变形物体表面，敏感栅会因被测物体表面变形而导致电阻值改变，测量电阻的变化量便可知变形大小。由于应变片体积小、使用方便、测量灵敏度高，可进行动态、静态测量，因此被广泛应用于应力、力、压力、力矩、位移、加速度等的测量。

图 2-4、2-5 所示为几种常见的应变片。

1. 常温应变片（测应力）（见图 2-4）

（a）常温单轴应变片　　（b）常温双轴应变片　　（c）常温三轴应变片　　（d）常温环形应变片

图 2-4　几种常温应变片

2. 几种常见应变片（见图 2-5）

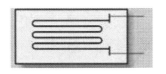

（a）丝绕式应变片

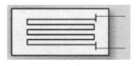

（b）短接式应变片

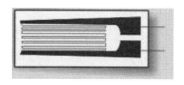

（c）一般箔式应变片

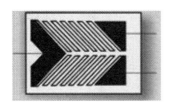

（d）侧扭矩应变片

（e）测圆膜应力应变片

（f）半导体应变片

图 2-5　几种常见应变片

三、测量电路

电阻应变式传感器测量的应变一般较小，输出电阻的变化也较小，一般为 $5 \times 10^{-4} \sim 10^{-1}\,\Omega$，要把这样微小的电阻变化测量出来，通常采用桥式测量电路。根据电源的不同，电桥分为直流电桥和交流电桥。4 个桥臂均为纯电阻时，用直流电桥测量精确度高；若有桥臂为阻抗时，必须用交流电桥。下面以直流电桥为例进行分析。

1. 直流电桥平衡条件

如图 2-6 所示，对于直流电桥来说，其输出电压为

$$
\begin{aligned}
U_{\mathrm{o}} &= U_{\mathrm{BA}} - U_{\mathrm{DA}} = I_1 R_1 - I_2 R_4 \\
&= \frac{R_1}{R_1 + R_2} U_{\mathrm{s}} - \frac{R_4}{R_3 + R_4} U_{\mathrm{s}} \\
&= \frac{R_1 R_3 - R_2 R_4}{(R_1 + R_2)(R_3 + R_4)} U_{\mathrm{s}}
\end{aligned}
\tag{2-6}
$$

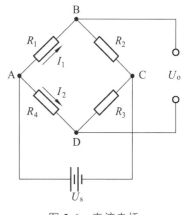

由式（2-6）可知，若

$$
R_1 R_3 = R_2 R_4
\tag{2-7}
$$

则输出电压必为零，此时电桥处于平衡状态，称为平衡电桥。电桥平衡条件：相对两臂电阻的乘积应相等。

图 2-6　直流电桥

2. 电压灵敏度

图 2-7（a）为直流单臂电桥测量电路，图中 E 为电源电压，R_1 为电阻应变片，由应变而

产生的相应电阻变化为ΔR_1，R_2、R_3、R_4为电桥固定电阻，U_o为电桥输出电压。初始条件下，电桥平衡，$U_o = 0$。

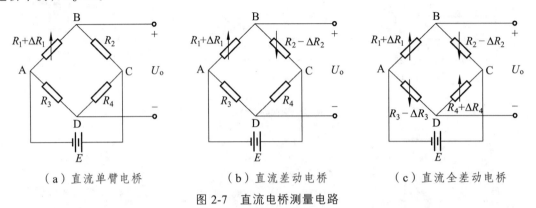

（a）直流单臂电桥　　　　（b）直流差动电桥　　　　（c）直流全差动电桥

图 2-7　直流电桥测量电路

当应变片产生应变ε_x时，应变片电阻值变化为$\Delta R_1 = KR_1\varepsilon_x$，电桥不平衡，其输出电压为

$$U_o = E\left(\frac{R_1 + \Delta R_1}{R_1 + \Delta R_1 + R_2} - \frac{R_3}{R_3 + R_4}\right)$$

$$= E\frac{\Delta R_1 R_4}{(R_1 + \Delta R_1 + R_2)(R_3 + R_4)}$$

$$= E\frac{\dfrac{R_4}{R_3}\dfrac{\Delta R_1}{R_1}}{\left(1 + \dfrac{\Delta R_1}{R_1} + \dfrac{R_2}{R_1}\right)\left(1 + \dfrac{R_4}{R_3}\right)} \qquad (2\text{-}8)$$

设桥臂比$n = R_2/R_1$，由于$\Delta R_1 \ll R_1$，分母中$\Delta R_1/R_1$可忽略，并考虑到平衡条件$R_2/R_1 = R_4/R_3$，则式（2-8）可写为

$$U_o = \frac{n}{(1+n)^2}\frac{\Delta R_1}{R_1}E \qquad (2\text{-}9)$$

电桥电压灵敏度可以定义为

$$K_U = \frac{U_o}{\dfrac{\Delta R_1}{R_1}} = \frac{n}{(1+n)^2}E \qquad (2\text{-}10)$$

可看出，电桥电压灵敏度正比于电桥供电电压，供电电压越高，电桥电压灵敏度越高，但供电电压的提高受到应变片允许功耗的限制，所以要合理选择。电桥电压灵敏度是桥臂电阻比值n的函数，恰当地选择桥臂比n的值，保证电桥具有较高的电压灵敏度。应变片电阻变化一般很小，电桥相应输出电压也很小，需加放大器进行放大。由于放大器的输入阻抗比桥路输出阻抗高很多，所以一般将电桥视为开路，即电桥输出电压与其负载有关。

1）单臂电桥

当E值确定后，由$\mathrm{d}K_U/\mathrm{d}n$求$K_U$的最大值，由

$$\frac{dK_U}{dn} = \frac{1-n^2}{(1+n)^4} = 0 \tag{2-11}$$

得 $n = 1$ 时，K_U 为最大值。这就是说，在电桥电压确定后，当 $R_1 = R_2 = R_3 = R_4$ 时，电桥电压灵敏度最高，此时有

$$U_o = \frac{E}{4} \frac{\Delta R_1}{R_1} \tag{2-12}$$

$$K_U = \frac{E}{4} \tag{2-13}$$

由上可知，当电源电压 E 和电阻相对变化量 $\Delta R / R$ 一定时，电桥的输出电压及其灵敏度也是定值，且与各桥臂电阻阻值大小无关。

如图 2-7（a）所示，当只有一个桥臂粘贴有应变片时，因受力而产生 ΔR_1 时，输出电压与灵敏度分别为式（2-12）与式（2-13）。

2）半桥双臂

在试件上安装两个工作应变片时，一个受拉，一个受压，它们的阻值变化大小相等、方向相反，接入电桥相邻桥臂，称为半桥双臂差动电路，如图 2-7（b）所示。该电桥输出电压为

$$U_o = E\left(\frac{\Delta R_1 + R_1}{\Delta R_1 + R_1 + R_2 - \Delta R_2} - \frac{R_3}{R_3 + R_4} \right) \tag{2-14}$$

若 $R_1 = R_2 = R_3 = R_4$，$\Delta R_1 = \Delta R_2$，则得

$$U_o = \frac{E}{2} \frac{\Delta R_1}{R_1} \tag{2-15}$$

由式（2-15）可知，U_o 与 $\Delta R_1/R_1$ 呈线性关系，差动电路无非线性误差，而且电桥电压灵敏度 $K_U = E/2$，是单臂工作时的两倍，同时还具有温度补偿作用。

3）全桥

若将电桥四臂接入四片应变片，如图 2-9（c）所示，即两个受拉，两个受压，将两个应变符号相同的应变片接入相对桥臂上，构成全桥差动电路。设 $\Delta R_1 = \Delta R_2 = \Delta R_3 = \Delta R_4$，且 $R_1 = R_2 = R_3 = R_4$，则

$$U_o = E \frac{\Delta R_1}{R_1} \tag{2-16}$$

$$K_U = E \tag{2-17}$$

此时全桥差动电路不仅没有非线性误差，而且电压灵敏度为单臂工作时的 4 倍，同时仍具有温度补偿作用。

四、典型应用

1. 电阻式力传感器

被测物理量为荷重或力的应变电阻式传感器统称为应变电阻式力传感器。对载荷和力的

测量在工业测量中用得较多，其中采用电阻应变片测量的应变电阻式力传感器占有主导地位。

应变电阻式力传感器的弹性元件有柱（筒）式、环式、悬臂式等多种。

1）柱（筒）式力传感器

如图 2-8 所示。柱式力传感器为实心的，筒式力传感器为空心的。电阻应变片粘贴在弹性体外壁应力分布均匀的中间部分，对称地粘贴多片，弹性元件上电阻应变片的粘贴和桥路的连接应尽可能消除载荷偏心和弯矩的影响，R_1 和 R_3 串接，R_2 和 R_4 串接，并置于桥路相对桥臂上以减小弯矩影响，横向贴片（R_5、R_6、R_7 和 R_8）主要作温度补偿用。

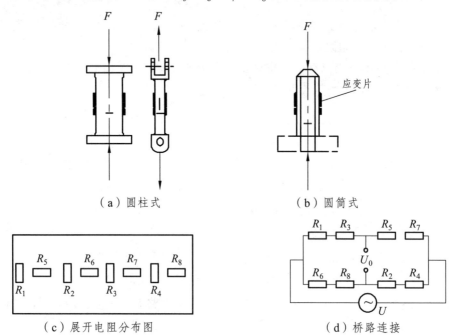

（a）圆柱式　　　　　　　　　　（b）圆筒式

（c）展开电阻分布图　　　　　（d）桥路连接

图 2-8　圆柱（筒）式力传感器

2）环式力传感器

环式力传感器的结构和应力分布如图 2-9 所示。与柱式相比，它的应力分布更复杂，变化较大，且有方向上的区分。由应力分布图还可看出，C 位置电阻应变片的应变为 0，即它起到温度补偿的作用。

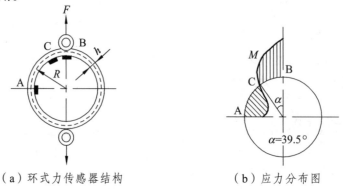

（a）环式力传感器结构　　　　　（b）应力分布图

图 2-9　环式力传感器

A、B 两点处如果内、外均贴上电阻应变片，则其所在位置的应变为

A 点：

$$\varepsilon_{\mathrm{A}} = \pm \frac{3F\left[R-(h/2)\right]}{bh^2E}\left(1-\frac{2}{\pi}\right) \qquad (2\text{-}18)$$

式中　h —— 圆环的厚度；

　　　b —— 圆环的宽度；

　　　E —— 材料弹性模量；

　　　F —— 载荷。

在如图 2-9 所示方向的拉力作用下，内贴片取 " + "，外贴片取 " – "。

B 点：

$$\varepsilon_{\mathrm{B}} = \pm \frac{3F\left[R-(h/2)\right]}{bh^2E}\frac{2}{\pi} \qquad (2\text{-}19)$$

在如图所示方向的拉力作用下，内贴片取 " – "，外贴片取 " + "。对 $R/h>5$ 的小曲率圆环，可以忽略上式中的 $h/2$。

3）悬臂梁式力传感器

悬臂梁是一端固定，另一端自由的弹性敏感元件，其特点是结构简单、加工方便，在较小力的测量中应用普遍。根据梁的截面形状不同可分为变截面梁（等强度梁）和等截面梁。

图 2-10 所示为一种等强度梁式力传感器，图中 R_1 为电阻应变片，将其粘贴在一端固定的悬臂梁上，另一端的三角形顶点上（保证等应变性）如果受到载荷 F 的作用，梁内各断面产生的应力是相等的。等强度梁各点的应变值为

$$\varepsilon = \frac{6Fl}{bh^2E} \qquad (2\text{-}20)$$

式中　l —— 梁的长度；

　　　b —— 梁的固定端宽度；

　　　h —— 梁的厚度；

　　　E —— 材料的弹性模量。

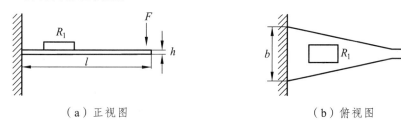

（a）正视图	（b）俯视图

图 2-10　等强度梁式力传感器

等截面矩形结构的悬臂梁如图 2-11 所示。等截面梁距梁的固定端 x 处的应变值为

$$\varepsilon_x = \frac{6F(l-x)}{bh^2E} = \frac{6F(l-x)}{AhE} \qquad (2\text{-}21)$$

式中　　x —— 距梁固定端的距离；

　　　　A —— 梁的截面积。

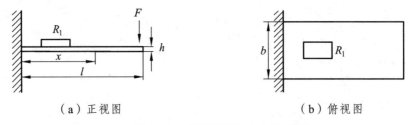

（a）正视图　　　　　　　　　（b）俯视图

图 2-11　等截面梁式力传感器

2. 电阻式液体重量传感器

图 2-12 是测量容器内液体重量的插入式传感器示意图。该传感器有一根传压杆，上端安装微压传感器，下端安装感压膜，它用于感受液体的压力。当容器中溶液增多时，感压膜感受的压力就增大。将传感器接入电桥的一个桥臂，则输出电压为

$$U_o = S \cdot h\rho g \qquad\qquad (2\text{-}22)$$

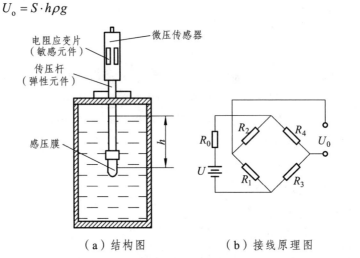

（a）结构图　　　　　　　　　（b）接线原理图

图 2-12　电阻式液体重量传感器

式中　　S —— 传感器的传输系数；

　　　　ρ —— 液体密度；

　　　　g —— 重力加速度；

　　　　h —— 位于感压膜上的液体高度。

$h\rho g$ 表征了感压膜上方的液体的重量。对于等截面的柱形容器，有

$$h\rho g = \frac{Q}{A} \qquad\qquad (2\text{-}23)$$

式中　　Q —— 容器内感压膜上方液体的重量；

　　　　A —— 柱形容器的截面积。

由式（2-22）、（2-23）可得到容器内感压膜上方液体的重量与电桥输出电压间的关系：

$$U_o = \frac{S \cdot Q}{A} \tag{2-24}$$

式（2-24）表明：电桥输出电压与柱形容器内感压膜上方液体的重量呈正比关系。在已知液体密度的条件下，这种方式还可以实现容器内的液位高度测量。

3. 电阻式加速度传感器

应变电阻式加速度传感器的结构如图 2-13 所示。等强度梁的自由端安装质量块，另一端固定在壳体上；等强度梁上粘贴 4 个电阻应变敏感元件；通常壳体内充满硅油以调节系统阻尼系数。

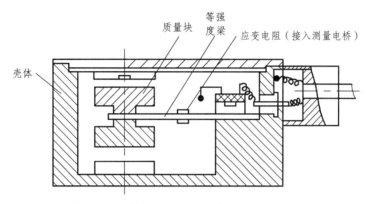

图 2-13　应变电阻式加速度传感器的结构

测量时，将传感器壳体与被测对象刚性连接，当被测物体以加速度 a 运动时，质量块受到一个与加速度方向相反的惯性力作用，使悬臂梁变形，导致其上的应变片感受到并随之产生应变，从而使应变片的电阻值发生变化，引起测量电桥不平衡而输出电压，由此得出加速度的大小。这种测量方法主要用于低频（10～60 Hz）的振动和冲击测量。

第二节　电容式传感器

随着高速铁路飞速发展，在速度超过 350 km/h 的高速铁路线路上，为了提高乘客和驾驶员的安全性与舒适性，列车系统集成了越来越多的高科技技术，多种类型的传感器也包含在其中，加速度计就是典型应用之一。加速度计可以检测和测量各种形式的机械运动，包括加速度、倾斜、振动和冲击等，如图 2-14 所示的电容式加速度传感器就是广泛采用的一种传感器技术。

电容式传感器具有结构简单、耐高温、耐辐射、分辨率高、动态响应特性好等优点，被广泛用于压力、位移、加速度、厚度、振动、液位的测量中。如图 2-15 所示为广泛应用于各种车辆（包括铁路机车在内）的电容式油位传感器。

图 2-14　MEMS 电容加速度传感器

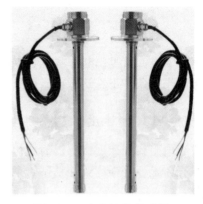

图 2-15　电容油位传感器

一、电容式传感器工作原理

电容式传感器是以不同类型的电容器为传感元件，并通过电容传感元件把被测物理量的变化转换成电容量的变化，然后再经转换电路转换成电压、电流或频率等信号输出的测量装置。

电容式传感器的工作原理可以从图 2-16 所示的平板式电容器中得到说明。由物理学可知，由两平行极板所组成的电容器如果不考虑边缘效应，其电容量为

$$C = \frac{\varepsilon A}{\delta} \qquad （2-25）$$

式中　A —— 两极板相互遮盖的面积（mm^2）；

　　　δ ——两极板之间的距离（mm）；

　　　ε ——两极板间介质的介电常数（F/m）。

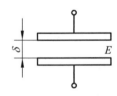

由式（2-25）可得，当被测量使 A、δ、ε 3 个参数中任何 1 项发生变化时，电容量就会随之发生变化。固定 3 个参量中的任意 2 个，可做成 3 种类型的电容传感器。

图 2-16　平板电容器

1. 变面积型电容式传感器

变面积型电容传感器的结构原理如图 2-17 所示。图中（a）、（b）为单边式，（c）为差分式；（a）、（b）也可做成差分式。图中 1、3 为固定板，2 是与被测物相连的可动板，当被测物体带动可动板 2 发生位移时，就改变了可动板与固定板之间的相互遮盖面积，并由此引起电容量 C 的变化。

对于如图 2-17（a）所示的平板式单边直线位移式传感器，若忽略边缘效应，其电容变化量为

$$C = \left| \frac{\varepsilon ab}{\delta} - \frac{\varepsilon(a-\Delta a)b}{\delta} \right| = \frac{\varepsilon b \Delta a}{\delta} = \frac{C_0 \Delta a}{a} \qquad （2-26）$$

（a）单边直线位移式　　　（b）单边角位移式　　　（c）差分式

图 2-17　变面积型电容式传感器结构原理图

式中　　b——极板宽度；

　　　　a——极板起始遮盖长度；

　　　　Δa——动极板位移量；

　　　　ε——两极板间介质的介电常数；

　　　　δ——两极板间的距离；

　　　　C_0——初始电容量。

这种平极单边直线位移传感器的灵敏度 S 为

$$S = \Delta C/\mathrm{d}x = \varepsilon b/\delta = 常数 \qquad （2-27）$$

对于如图 2-17（b）所示的单边角位移型传感器，若忽略边缘效应，则电容变化量为

$$\Delta C = \left| \frac{\varepsilon \alpha r^2}{2\delta} - \frac{\varepsilon r^2 (\alpha - \Delta \alpha)}{2\delta} \right| = \frac{\varepsilon r \Delta \alpha}{2\delta} = \frac{C_0 \Delta \alpha}{\alpha} \qquad （2-28）$$

式中　　α——覆盖面积对应的中心角度；

　　　　r——极板半径；

　　　　$\Delta \alpha$——动极板的角位移量。

这种单边角位移式传感器的灵敏度为

$$S = \frac{\Delta C}{\mathrm{d}\theta} = \frac{\varepsilon A_0}{\pi \delta} \qquad （2-29）$$

式中　　A_0——电容器起始覆盖面积；

　　　　θ——动板的角位移量。

实际应用时，为了提高电容式传感器的灵敏度，减小非线性，常常把传感器做成差分式，如图 2-17（c）所示。中间的极板 2 为动板，上、下两块（即板 1 和 3）为定板。当动板向上移动一个距离 x 后，上极距就要减少一个 x，而下极距就要增加一个 x，从而引起上、下电容变化。差接后的这种传感器灵敏度可提高一倍。

2. 变极距型电容式传感器

图 2-18 所示为变极距型电容式传感器结构原理图。图中 1 和 3 为固定极板，2 为可动极板（或相当于可动极板的被测物），其位移由被测物体带动。从图 4-3（a）、（b）可看出，当可动极板由被测物带动向上移动（即 δ 减小）时，电容值增大，反之电容值则减小。

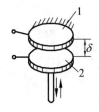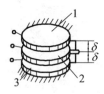

（a）被测物与可动极板相连　　（b）被测物为可动极板　　（c）差分式

图 2-18　变极距型电容式传感器结构原理图

设极板面积为 A，初始距离为 δ_0，以空气为介质时，电容量 C_0 为 $C_0 = \varepsilon_0 A / \delta_0$。当间隙 δ_0 减小 $\Delta\delta$ 变为 δ 时（设 $\Delta\delta \ll \delta_0$），电容 C_0 增加 ΔC 变为 C，即

$$C = C_0 + \Delta C = \frac{\varepsilon_0 A}{(\delta_0 - \Delta\delta)} = \frac{C_0}{(1 - \Delta\delta/\delta_0)} \tag{2-30}$$

电容 C 与间隙 δ 之间的变化特性如图 2-19 所示。电容式传感器的灵敏度用 S 表示，其计算公式为

$$S = \frac{\mathrm{d}C}{\mathrm{d}\delta} = \frac{\varepsilon A}{\delta^2} \tag{2-31}$$

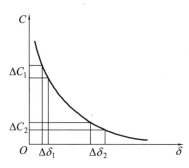

图 2-19　C-δ 特性曲线图

在实际应用中，为了改善其非线性、提高灵敏度和减小外界的影响，通常采用图 2-18（c）所示的差分式结构。这种差分式传感器与非差分式的相比，灵敏度可提高一倍，且非线性误差大大降低。差分式电容式传感器的灵敏度计算公式为

$$S_{(\text{差})} = \Delta C / C = 2\Delta\delta/\delta \tag{2-32}$$

3. 变介电常数型电容式传感器

变介电常数型电容式传感器的结构原理如图 2-20 所示。其中图 2-20（a）中的两平行极板为固定板，极距为 δ_0，相对介电常数为 ε_{r2} 的电介质以不同深度插入电容器中，从而改变了两种介质极板的覆盖面积。于是传感器总的电容量 C 应等于两个电容 C_1 和 C_2 的并联之和，即

$$C = C_1 + C_2 = \left(\frac{\varepsilon_0 b_0}{\delta_0}\right)[\varepsilon_{r1}(l_0 - l) + \varepsilon_{r2} l] \tag{2-33}$$

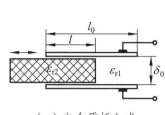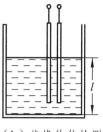

（a）电介质插入式　　　　　　　　（b）绝缘物位检测

图 2-20　变介电常数型电容式传感器

式中　l_0，b_0——极板的长度和宽度；

　　　l——第二种介质进入极板间的长度。

当介质 1 为空气，$l = 0$ 时，传感器的初始电容 $C_0 = \varepsilon_0\varepsilon_r l_0 b_0 / \delta_0$；当介质 2 进入极板间 l 距离后，所引起电容的相对变化为

$$\frac{\Delta C}{C_0} = \frac{C - C_0}{C_0} = \frac{(\varepsilon_{r2} - 1) l}{l_0} \tag{2-34}$$

可见，电容的变化与介质 2 的移动量 l 呈线性关系。

上述原理可用于非导电绝缘流体材料的位置测量。如图 2-20（b）所示，将电容器极板插入被监测的介质中。随着灌装量的增加，极板覆盖面也随之增大，从而测出输出的电容量。根据输出电容量的大小即可判定灌装物料的高度 l。

说明：当极板间有导电物质存在时，应选择电极表面涂有绝缘层的传感器件，以防止电极间短路。

二、电容式传感器测量电路

电容式传感器中，电容值及电容变化值都十分微小，这样微小的电容量不能直接为目前的显示仪表所显示，也很难为记录仪所接受，不便于传输。这就必须借助测量电路检出这一微小电容增量，并将其转换成与其成单值函数关系的电压、电流或者频率。常用的测量电路有桥式电路、调频电路等。

1. 桥式电路

由于电桥输出电压与电源电压成比例，因此要求电源电压波动极小，需采用稳幅、稳频等措施，在要求精度很高的场合，可采用自动平衡电桥。传感器必须工作在平衡位置附近，否则电桥非线性增大。接有电容传感器的交流电桥输出阻抗很高（一般达几兆欧至几十兆欧），输出电压幅值又小，所以必须后接高输入阻抗放大器将信号放大后才能测量。

如图 2-21 所示为桥式测量电路，图 2-21（a）为单臂接法，C_x 为电容传感器，高频电源经变压器接到电容桥的一条对角线上，电容 C_1、C_2、C_3、C_x 构成电桥的四臂，当电桥平衡时有 $\dfrac{C_1}{C_2} = \dfrac{C_x}{C_3}$，此时 $U_o = 0$；当电容式传感器 C_x 变化时，$U_o \neq 0$，由此可测得电容的变化值。

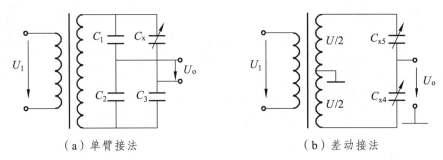

（a）单臂接法　　　　　　　　　（b）差动接法

图 2-21　桥式测量电路

在图 2-21（b）中，接有差动电容传感器，其空载输出电压可用下式表示：

$$U_o = \frac{(C_0 - \Delta C) - (C_0 + \Delta C)}{(C_0 - \Delta C) + (C_0 + \Delta C)}\frac{U}{2} = -\frac{2\Delta C}{2C_0}\frac{U}{2} = -\frac{\Delta C}{C_0}\frac{U}{2} \qquad （2\text{-}35）$$

式中　C_0——传感器的初始电容值；

　　　ΔC——传感器电容的变化值。

可见差动接法的交流电桥其输出电压 U_o 与被测电容的变化量 ΔC 之间呈线性关系。该线路的输出还应经过相敏检波电路才能分辨 U_o 的相位。

2．调频测量电路

调频测量电路把电容式传感器作为振荡器谐振回路的一部分，或作为晶体振荡器中的石英晶体的负载电容。当输入量导致电容量发生变化时，振荡器的振荡频率也发生变化。虽然可将频率作为测量系统的输出量，用以判断被测非电量的大小，但此时系统是非线性的，不易校正，因此加入鉴频器，将频率的变化转换为振幅的变化，经过放大就可以用仪器指示或记录仪记录下来。调频测量电路原理框图如图 2-22 所示。

图 2-22　调频测量电路原理框图

图 2-22 中调频振荡器的振荡频率为

$$f = \frac{1}{2\pi\sqrt{LC}} \qquad （2\text{-}36）$$

式中　L——振荡回路的电感；

　　　C——振荡回路的总电容，$C = C_1 + C_2 + C_0 \pm \Delta C$。其中，$C_1$ 为振荡回路固有电容；C_2 为传感器引线分布电容；$C_0 \pm \Delta C$ 为传感器的电容。

当被测信号为 0 时，$\Delta C = 0$，则 $C = C_1 + C_2 + C_0$，所以振荡器有一个固有频率 f_0。

$$f_0 = \frac{1}{2\pi\sqrt{L(C_1 + C_2 + C_0)}} \qquad （2\text{-}37）$$

当被测信号为 0 时，$\Delta C \neq 0$，振荡器频率有相应变化，此时频率为

$$f_0 = \frac{1}{2\pi\sqrt{L(C_1 + C_2 + C_0 \pm \Delta C)}} = f_0 \pm \Delta f \tag{2-38}$$

调频电容传感器测量电路具有较高灵敏度，可以测量 0.01 μm 级位移变化量。频率输出易于用数字仪器测量和与计算机通信，抗干扰能力强，可以发送、接收以实现遥测遥控。

三、电容式传感器的应用

1. 电容式 MEMS 加速度传感器

电容式 MEMS 加速度传感器通常包含一个由弹簧悬挂起来的检测质量块，该质量块被连接至一个可变电容器。如图 2-23 所示，当该器件加速时，质量块会发生移动，电容变化产生一个电信号。利用牛顿第二运动定律和胡克定律得到一个方程，进而计算测得加速度。

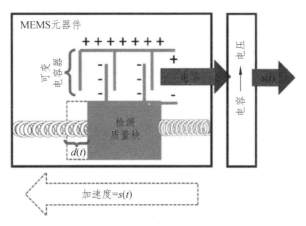

图 2-23 电容式 MEMS 加速度传感器工作原理

2. 电容式液位传感器

电容式液位计利用液位高低变化影响电容器电容量大小的原理进行测量。依此原理还可进行其他形式的物位测量，包括导电介质和非导电介质。此外，它还能测量有倾斜晃动及高速运动的容器的液位，不仅可作液位控制器，还能用于连续测量。典型的电容式液位传感器的结构如图 2-24 所示，测定电极安装在金属储罐的顶部，储罐的罐壁和测定电极之间形成了一个电容器，液位改变则电容的容值改变。

3. 电容键盘

常规的键盘有机械按键和电容按键两种，电容键盘是利用变极距型电容传感器实现信息转换的设备。电容式键盘是基于电容式开关的键盘，原理是通过按键改变电极间

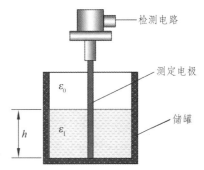

图 2-24 电容式液位传感器

的距离产生电容量的变化，暂时形成震荡脉冲允许通过的条件。这种开关是无触点非接触式的，磨损率极小，拆开电容键盘会看到绿色的电路板，但按键上并没有任何机械式元件"焊"在对应的电路板上。触感由橡胶、弹簧等打造。电容式开关的开与关靠静电容量感应来决定。

图 2-25　电容式键盘

4. 电容触摸屏

电容触摸屏利用人体的电流感应进行工作。触摸屏是一块四层复合玻璃屏，当手指触摸在金属层上，由于人体电场，用户和触摸屏表面形成以一个耦合电容。对于高频电流来说电容是直接导体，于是手指从接触点吸走一个很小的电流，这个电流分从触摸屏四角上的电极中流出，并且流经这四个电极的电流与手指到四角的距离成正比，控制器通过对这四个电流比例的精确计算，得出触摸点的位置。

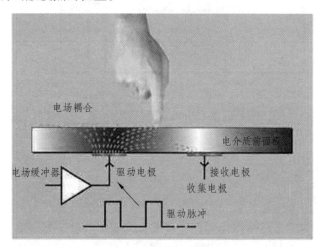

图 2-26　电容触摸屏示意图

第三节　电感式传感器

电感式传感器和电容式传感器都是结构型传感器，它们的共同点是都可等效为一个可变的阻抗元件，将被测量转换为电感、电容等电抗量的变化，再通过测量电路将电感或电容的变化转换为电压、电流、频率等电量的变化。电感式传感器基于电磁感应原理，利用线圈等电感元件，将被测量的变化转换为自感或互感系数的变化，能对位移、压力、振动、应变、流量等参数进行测量。电感式传感器可用于使用电子非接触式传感器检测物体是否存在时的接近测量，也可用于运动位置检测、运动控制和过程控制。在轨道交通领域，电感式传感器在检测轨道变形、轨道振动及轨道闭合间隙等方面均有应用。

图 2-27　电感式传感器

一、电感式传感器工作原理

电感式传感器的种类较多，主要分为自感式和互感式两大类。

1. 自感式传感器的基本原理

自感式传感器是利用线圈自身电感的改变来实现非电量与电量的转换。图 2-28 是最简单的变气隙型自感式传感器的原理图，它由线圈、铁心和衔铁组成。铁心 2 和衔铁 3 均由导磁材料制成。线圈 1 套在铁心上。在铁心与衔铁之间有空气隙，其厚度为 δ。当衔铁产生位移时，空气隙厚度 δ 发生变化，从而使电感值发生变化。

根据电磁感应定律，线圈的电感量为

$$L = \frac{W^2}{\dfrac{l_1}{\mu_1 S_1} + \dfrac{l_2}{\mu_2 S_2} + \dfrac{2\delta}{\mu_0 S}} \qquad (2-39)$$

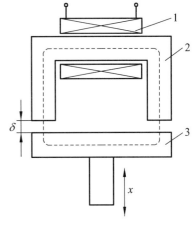

图 2-28　变气隙型自感式
传感器原理图

式中　W——线圈的匝数；

　　　l_1、l_2——铁心与衔铁的磁路平均长度（m）；

　　　μ_1、μ_2——铁心与衔铁材料的磁导率（H/m）；

　　　S_1、S_2——铁心与衔铁的横截面积（m^2）；

　　　δ——气隙的厚度（m）；

　　　μ_0——空气的磁导率，$\mu_0 = 4\pi \times 10^{-7}$（H/m）；

　　　S——气隙的横截面积（m^2）。

由于电感式传感器所用的导磁材料一般都工作在非饱和状态下，其磁导率 μ 远大于空气

的磁导率μ_0，因此导磁体的磁阻与空气隙的磁阻相比是很小的，计算时可忽略不计。这样，式（2-39）可近似为

$$L = \frac{W^2 \mu_0 S}{2\delta} \tag{2-40}$$

由式（2-40）可以看出，当线圈的匝数 W 确定以后，线圈的电感量 L 与空气隙厚度 δ 成反比，与空气隙截面积 S 成正比。因此，改变空气隙厚度 δ 或改变气隙截面积 S，都能使电感量发生变化。自感式传感器就是按这种原理工作的。由于改变空气隙厚度 δ 和改变气隙截面积 S，都会使空气隙的磁阻发生变化，因此自感式传感器也称为变磁阻式传感器。

自感式传感器一般有三种类型：① 改变气隙厚度 δ 的自感式传感器，称为变气隙型自感式传感器；② 改变气隙截面积 S 的自感式传感器，称为变截面型自感式传感器；③螺管型自感式传感器，这是一种开磁路的自感式传感器。

2. 自感式传感器的特性

下面以变气隙型自感式传感器的为例，介绍自感式传感器的特性。

变气隙型自感式传感器的结构如图 2-28 所示。被测物体与衔铁相连，当被测物体上下移动时，衔铁随之上下移动，将使气隙厚度 δ 发生变化，从而使线圈的电感量 L 发生变化。

设 L_0 和 δ_0 分别为传感器的初始电感量和初始气隙，则初始电感量为

$$L_0 = \frac{W^2 \mu_0 S}{2\delta_0} \tag{2-41}$$

当衔铁随被测量向上移动 $\Delta\delta$ 时，$\delta = \delta_0 - \Delta\delta$，传感器的电感量变为 $L_1 = L_0 + \Delta L_1$，则有

$$L_1 = L_0 + \Delta L_1 = \frac{W^2 \mu_0 S}{2(\delta_0 - \Delta\delta)} = L_0 \frac{1}{1 - \dfrac{\Delta\delta}{\delta_0}} \tag{2-42}$$

当衔铁随被测量向下移动 $\Delta\delta$ 时，则 $\delta = \delta_0 + \Delta\delta$，传感器的电感量变为 $L_2 = L_0 - \Delta L_2$，则有

$$L_2 = L_0 - \Delta L_2 = \frac{W^2 \mu_0 S}{2(\delta_0 + \Delta\delta)} = L_0 \frac{1}{1 + \dfrac{\Delta\delta}{\delta_0}} \tag{2-43}$$

当 $\Delta\delta \ll \delta_0$ 时，对式（2-42）、式（2-43）进行近似计算可求得电感的绝对变化量 ΔL_1 与 ΔL_2。分别对其相对变化量作线性化处理，并忽略高阶微量，可得

$$\frac{\Delta L_1}{L_0} \approx \frac{\Delta\delta}{\delta_0} \tag{2-44}$$

$$\frac{\Delta L_2}{L_0} \approx \frac{\Delta\delta}{\delta_0} \tag{2-45}$$

根据上面的分析，可以归纳出以下几点：

（1）变气隙型电感式传感器的电感量 L 与气隙 δ 之间的关系是非线性的。

（2）由式（2-44）和式（2-45）可得，变气隙型电感式传感器的灵敏度：

$$K = \frac{\Delta L / L_0}{\Delta \delta} \approx \frac{1}{\delta_0} \tag{2-46}$$

即无论衔铁随被测量向上移动或向下移动，变气隙型电感式传感器的灵敏度均近似地与初始气隙的厚度 δ_0 成反比。

（3）由于输出特性的非线性和衔铁上、下向移动时电感正、负变化量的不对称性，使得变气隙型传感器只能工作在很小的区域内，因而只能用于微小位移的测量。

在实际工作中，为了提高测量灵敏度和减小非线性误差，通常采用差动结构。图 2-29 所示为差动变气隙型自感式传感器，它由两个相同的线圈和铁心，以及一个共用的衔铁组成。起始时衔铁位于中间位置，$\delta_1 = \delta_2 = \delta_0$，上、下两个线圈的电感量相等，即 $L_1 = L_2 = L_0$。当位于中间位置的衔铁上下移动时，上、下两个线圈的电感量一个增大，一个减小，形成差动形式。

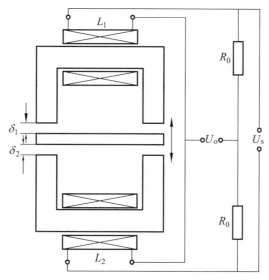

图 2-29　差动变气隙型自感式传感器原理图

若被测量的变化使衔铁向上移动，从而使上气隙的厚度减小为 $\delta_1 = \delta_0 - \Delta \delta$，而下气隙的厚度相应增大为 $\delta_2 = \delta_0 + \Delta \delta$，故上线圈的电感量增大为 $L_1 = L_0 + \Delta L_1$，下线圈的电感量减小为 $L_2 = L_0 - \Delta L_2$。将这两个差动线圈接入相应的测量电桥，测量电桥的输出与两个差动线圈电感量的总变化量 $\Delta L = \Delta L_1 + \Delta L_2$ 成正比。通过计算，可得相对变化量为

$$\frac{\Delta L}{L_0} \approx 2 \frac{\Delta \delta}{\delta_0} \tag{2-47}$$

由式（2-47）可得，差动变气隙型电感式传感器的灵敏度

$$K = \frac{\Delta L / L_0}{\Delta \delta} = \frac{2}{\delta_0} \tag{2-48}$$

根据以上分析可以得出以下结论：

（1）无论是单线圈结构还是差动式结构，ΔL 与 $\Delta\delta$ 之间的关系都是非线性的。

（2）差动式结构的灵敏度比单线圈结构的灵敏度提高了约一倍。

在差动式结构中，由于上、下电感线圈对称放置，其工作条件基本相同，对衔铁的电磁吸力在很大程度上可以互相抵消，温度变化、电源波动、外界干扰的影响也可在很大程度上相互抵消。由于差动式结构具有上述优点，因而得到了比较广泛的应用。

二、电感式传感器的测量电路

测量电路的作用，是将电感量的变化转换为电压或电流信号输出。自感式传感器的测量电路有电感电桥、变压器电桥和相敏整流电路等几种，下面以变压器电桥为例介绍自感式传感器的测量电路。

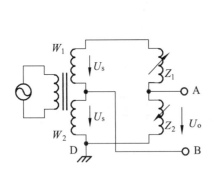

图 2-30　变压器电桥原理图

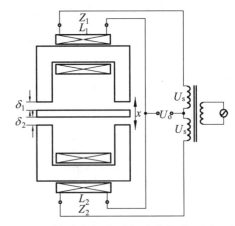

图 2-31　差动变气隙型自感式传感器测量电路

应用于差动自感式传感器的变压器电桥如图 2-30 所示，相邻两工作桥臂为 Z_1 和 Z_2，这是差动自感式传感器两个线圈的阻抗，另两桥臂为电源变压器次级线圈的两半边。设电源变压器次级线圈每一半的电压为 U_s，则电桥空载输出电压为

$$\dot{U}_o = \frac{Z_2 - Z_1}{Z_1 + Z_2}\dot{U}_s \tag{2-49}$$

差动变气隙型自感式传感器用变压器电桥作为测量电路，如图 2-31 所示。分三种情况进行分析：

（1）当传感器的衔铁位于中间平衡位置时，它与两个铁心间的气隙厚度相等，若两线圈绕制得十分对称，则两线圈的电感相等，阻抗也相等，即 $Z_1 = Z_2 = Z_0$，代入式（2-49）得：$\dot{U}_o = 0$。这说明当衔铁处于中间平衡位置时，电桥平衡，没有输出电压。

（2）当衔铁向下移动时，下线圈的磁阻减小，电感量增大，阻抗也增大，即 $Z_2 = Z_0 + \Delta Z_2$；而上线圈的磁阻增大，电感量减小、阻抗也随之减小，即 $Z_1 = Z_0 - \Delta Z_1$。考虑到 $\Delta Z_1 \approx \Delta Z_2 = \Delta Z$，代入式（2-49）得

$$\dot{U}_o = \frac{\Delta Z}{Z}\dot{U}_s \tag{2-50}$$

当电感线圈的 Q 值较大时，有 $\Delta Z/Z_0 \approx \Delta L/L_0 = \Delta\delta/\delta_0$，上式可写成

$$\dot{U}_o = \frac{\Delta L}{L_0}\dot{U}_s = \frac{\Delta\delta}{\delta_0}\dot{U}_s \qquad (2\text{-}51)$$

（3）衔铁向上移动同样大小的位移时，上线圈的阻抗增大，而下线圈的阻抗减小，即 $Z_1 = Z_0 + \Delta Z$，$Z_2 = Z_0 - \Delta Z$，代入式（2-49）得

$$\dot{U}_o = -\frac{\Delta Z}{Z}\dot{U}_s \qquad (2\text{-}52)$$

当电感线圈的 Q 值较大时，式（2-52）也可写成

$$\dot{U}_o = -\frac{\Delta L}{L_0}\dot{U}_s = -\frac{\Delta\delta}{\delta_0}\dot{U}_s \qquad (2\text{-}53)$$

根据以上分析可知，变压器电桥输出电压的大小反映了衔铁位移的大小；当衔铁偏离中间位置向不同方向做同样大小的位移时，可获得大小相等、方向相反（即相位差 $180°$）的输出电压。

三、电感式传感器的应用

自感式传感器具有结构简单可靠、测量力小、测量准确度高、分辨率较高、输出功率较大等优点。主要缺点是频率响应较低，不适宜于快速动态测量；自线圈流往负载的电流不可能等于零，衔铁永远受到吸力；线圈电阻受温度影响，有温度误差等。

图 2-32 所示为变气隙型差动自感式压力传感器的结构与原理示意图。该压力传感器由 C 形弹簧管、铁心、衔铁、线圈 1 和 2 等组成。调整螺钉用来调整机械零点。整个传感器装在一个圆形的金属盒内。

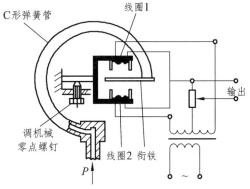

图 2-32　变气隙型自感式压力传感器示意图

当被测压力 P 变化时，弹簧管的自由端产生位移，带动与自由端连接的自感传感器的衔铁移动，使传感器的线圈 1 和 2 中的电感量发生大小相等、符号相反的变化，再通过变压器电桥将电感量的变化转换成电压信号输出。传感器输出信号的大小取决于衔铁位移的大小，即被测压力 P 的大小。

四、电涡流式传感器

电涡流式传感器是基于电涡流效应而工作的传感器。电涡流传感器根据其激磁频率高低，可以分为高频反射型或低频透射型两大类。其中高频反射型电涡流式传感器应用较为广泛。

1. 电涡流效应

当金属导体置于交变的磁场中时，导体内产生感应电动势而形成电流，该电流的流线在导体内呈闭合回线，通常称之为电涡流。这种现象称为电涡流效应。

如图 2-33 所示，若在一只固定的线圈中通入交变电流 I_1，在线圈周围空间就会产生一交变的电磁场 ϕ_1。置于该交变电磁场作用范围内的金属导体中将产生与此磁场相交链的电涡流 I_2。理论分析和实验都已证明，金属导体表面的电涡流强度 I_2 随线圈与金属导体间的距离 x 的变化而变化，且与激励电流 I_1 成正比。

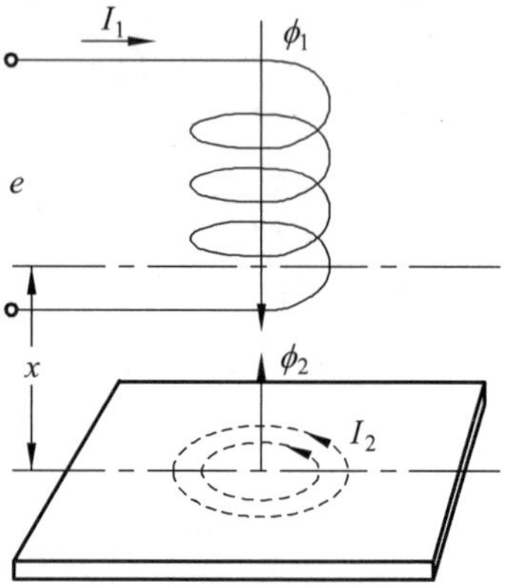

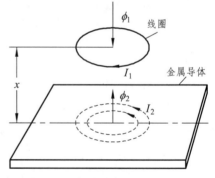

图 2-33　电涡流效应示意图

2. 高频反射型电涡流式传感器的基本原理

高频反射型电涡流式传感器主要由一只固定在框架上的激磁扁平线圈和置于该线圈附近的金属导体构成，如图 2-34 所示。若在线圈中通入交变电流 I_1，在线圈周围空间就会产生一交变的电磁场 ϕ_1，置于该交变电磁场作用范围内的金属导体中将产生电涡流 I_2。电涡流 I_2 又会产生一交变磁场 ϕ_2。ϕ_2 的方向与 ϕ_1 相反，减弱线圈的原有磁场。除存在电涡流效应外，线圈与金属导体之间还存在磁效应，在金属导体中产生磁滞损耗，形成了交变磁场的能量损失。鉴于以上原因，线圈的等效电感 L、等效阻抗 Z 和品质因数 Q 值将发生变化。显然，线圈等效电感 L、等效阻抗 Z 和品质因数 Q 值的变化与电涡流效应及磁效应的大小有关，即与金属导体的电阻率 ρ、磁导率 μ、厚度 t，以及产生交变磁场的线圈与金属导体间的距离 x、线圈激励电流的

图 2-34　高频反射型电涡流式
传感器原理图

大小和角频率 ω、线圈的半径 r 等参数有关。因此线圈的等效阻抗 Z 是一个多元函数，可表示为

$$Z = F(\rho, \mu, t, x, I_1, \omega, r) \tag{2-54}$$

若固定其余参数，使线圈等效阻抗仅随其中某一参数变化，就能按线圈等效阻抗 Z 的大小测量出该参数。例如，若线圈的尺寸和激励电流、金属导体的材料和厚度等均已确定，则线圈的等效阻抗 Z 就成为线圈与金属导体间的距离 x 的单值函数，即 $Z = f(x)$，由 Z 的大小即可测得 x。高频反射型电涡流式传感器就是基于以上原理工作的。

3. 电涡流式传感器的应用

电涡流式传感器由于具有测量线性范围大、灵敏度高、结构简单、抗干扰能力强、不受油污等介质的影响及可非接触测量等优点,被广泛地应用于工业生产和科学研究的各个领域,可用来测量位移、振幅、尺寸、厚度、热膨胀系数、轴心轨迹、非铁磁材料导电率和金属件探伤等。目前已研制和生产出多种用于测量位移、振幅、厚度、电导率和探伤的电涡流式检测仪表。在化工、动力等行业,电涡流式传感器被广泛用于汽轮机、压缩机、发电机等大型机械的监控设备。

1)位移测量

根据电涡流式传感器的工作原理,其最基本形式就是一只位移传感器,可用来测量各种形状被测件的位移。测量的最大位移可达数百毫米,一般的分辨率为满量程的0.1%。

原则上,凡是可以转换为位移量的参数,都可以用电涡流式传感器来测量。图2-35为几个典型应用实例。图2-35(a)所示为测量汽轮机主轴的轴向位移;图2-35(b)所示为测量磨床换向阀、先导阀的位移;图2-35(c)所示为测量金属试件的热膨胀系数。

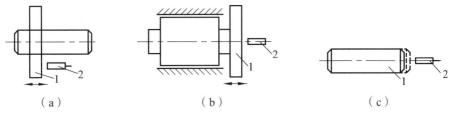

（a）　　　　　　　　　（b）　　　　　　　　　（c）

图 2-35 电涡流式传感器位移测量示意图

1—被测件;2—传感器探头

2)振动测量

电涡流式传感器可无接触地测量旋转轴的径向振动。在汽轮机、空气压缩机中,常用电涡流式传感器监控主轴的径向振动,如图 2-36(a)所示;也可用电涡流式传感器测量汽轮机涡轮叶片的振幅,如图 2-36(b)所示。测量时除用仪表直接显示读数外,还可用记录仪器记录振动波形。轴振幅的测量范围可从几微米到几毫米,频率范围可从零到几万赫兹。

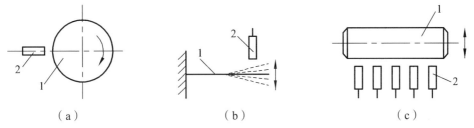

（a）　　　　　　　　　（b）　　　　　　　　　（c）

图 2-36 电涡流式传感器振动测量示意图

1—被测件;2—传感器探头

在研究轴的振动时,常需要了解轴的振动形状,给出轴振形图。为此,可将数个电涡流式传感器探头并排地安置在轴附近,如图 2-36(c)所示,再将信号输出至多通道记录仪。在轴振动时,可以获得各个传感器所在位置轴的瞬时振幅,从而绘出轴振形图。

3）厚度测量

电涡流式传感器可无接触地测量金属板的厚度和非金属板的金属镀层厚度。图 2-37（a）所示为金属板的厚度测量，当金属板 1 的厚度变化时，将使传感器探头 2 与金属板间的距离改变，从而引起输出电压的变化。

图 2-37　电涡流式传感器厚度测量示意图

1—被测件；2—传感器探头

由于在工作过程中金属板会上下波动，这将影响厚度测量的精度，因此常用比较的方法进行测量，如图 2-37（b）所示。在被测板 1 的上、下各装一只电涡流式传感器探头 2，其距离为 D，它们与板的上、下表面的距离分别为 x_1 和 x_2，这样板厚 $t = D - (x_1 + x_2)$。当两个传感器探头工作时，分别把测得的 x_1 和 x_2 转换成电压值后送加法器，相加后的电压值再与两传感器间距离 D 相应的设定电压相减，就得到与板厚度相对应的电压值。

4）转速测量

在一个旋转体上开数条槽或者做成齿轮状，如图 2-38 所示，旁边安装一个电涡流式传感器。当旋转体转动时，电涡流式传感器将周期性地改变输出信号，此电压信号经放大、整形后，可用频率计指示出频率值。频率值与槽（齿）数和转速有关，即

$$n = \frac{60f}{N} \qquad （2-55）$$

式中　f——频率值（Hz）；

　　　N——旋转体的槽（齿）数；

　　　n——被测轴的转速（r/min）。

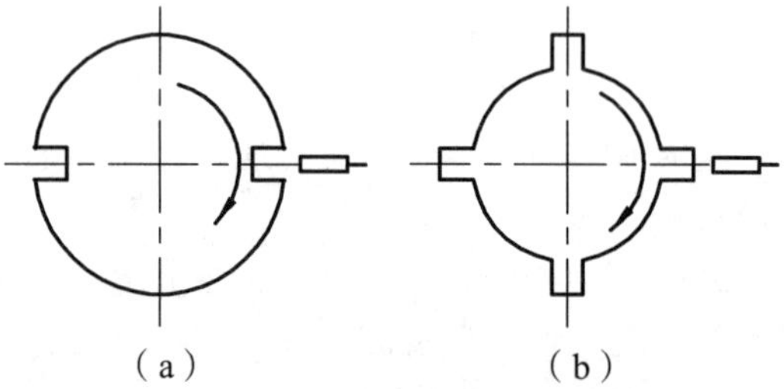

5）无损探伤

电涡流式传感器可以做成无损探伤仪，

图 2-38　电涡流式传感器转速测量示意图

用于非破坏性地探测金属材料的表面裂纹、热处理裂纹、焊缝裂纹等，如图 2-39 所示。探测时，传感器与被测物体的距离不变，保持平行相对移动。遇有裂纹时，金属的电导率、磁导率发生变化，结果引起传感器的等效阻抗发生变化，通过测量电路得到相关信号，达到探伤目的。

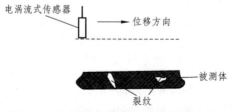

图 2-39　电涡流式传感器无损探伤示意图

第四节 磁电式传感器

磁电感应式传感器又称磁电式传感器，是利用电磁感应原理将被测量（如振动、位移、转速等）转换成电信号的一种传感器。它不需要辅助电源，就能把被测对象的机械量转换成易于测量的电信号，是一种有源传感器。由于它输出功率大、性能稳定，具有一定的工作带宽（10 ~ 1000 Hz），得到普遍的应用。如图 2-40 所示，在轨道交通领域，磁电式传感器在列车速度检测、轨道计轴器等方面均有应用。

图 2-40 磁电式传感器在轨道交通领域中的应用

一、磁电式传感器的工作原理

根据法拉第电磁感应定律：N 匝线圈在恒定磁场中做切割磁力线运动或线圈所在磁场的磁通发生变化时，线圈中所产生的感应电动势 e 由式（2-56）给出：

$$e = -N\frac{\mathrm{d}\phi}{\mathrm{d}t} \tag{2-56}$$

当线圈垂直于磁场方向运动时，若以线圈相对磁场运动的速度 V 或角速度 ω 表示，则式（2-56）可写成

$$e = -NBLV \tag{2-57}$$

或

$$e = -NBS\omega \tag{2-58}$$

式中 L——每匝线圈的平均长度；

B——线圈所在磁场的磁感应强度；

S——每匝线圈的平均截面积。

当传感器确定好后，结构参数确定，N、B、L、S 均为定值，因此感应电动势 e 与线圈和磁场的相对速度 V（或 ω）成正比。

根据上述工作原理，可将磁电式传感器分为恒磁通式和变磁通式两大类。

1. 恒磁通式传感器

恒磁通式传感器是指在测量过程中，传感器的线圈部分相对于永磁体位置发生变化而实现测量的一类磁电式传感器。其结构原理如图 2-41 所示，根据运动部件的不同，又分为动圈式和动铁式两种类型。其磁路系统都产生恒定的直流磁场，磁路中的工作气隙都固定不变，因而气隙中磁通也都是恒定不变的。

图 2-41（a）为动圈式结构原理图，永久磁铁与传感器壳体固定，线圈和金属骨架用柔软弹簧支承。图 2-41（b）所示为动铁式结构原理图，线圈和金属骨架与壳体固定，永久磁铁用柔软弹簧支承。两者的阻尼都是由金属骨架和磁场发生相对运动而产生的电磁阻尼，所谓动圈、动铁都是相对于传感器壳体而言。

动圈式和动铁式的工作原理完全相同：当把传感器与被测振动物体绑定在一起，壳体便随着振动物体一起振动。由于弹簧较软，而运动部件质量又较大，因此当被测振动物体的振动频率足够高（远大于传感器固有频率）时，运动部件会由于惯性很大而来不及与物体一起振动，几乎静止不动，振动能量几乎全部被弹簧吸收，于是永久磁铁与线圈之间的相对运动速度近似于振动物体的振动速度，磁铁与线圈的相对运动切割磁力线，从而产生感应电势。

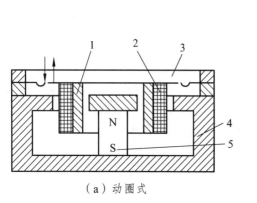
（a）动圈式

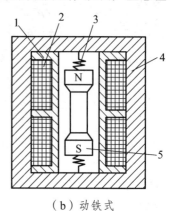
（b）动铁式

图 2-41 恒磁通式磁电传感器结构原理图

1—金属骨架；2—线圈；3—弹簧；4—壳体；5—永久磁铁

恒磁通磁电式传感器的频响范围一般为几十赫兹至几百赫兹，低的可到 10 Hz 左右，高的可达 2 kHz 左右。

2. 变磁通式传感器

变磁通式传感器又称为变磁阻磁电感应式传感器或变气隙磁电感应式传感器，主要是通过改变磁路磁通的大小来产生感应电动势进行测量。

如图 2-42 所示为测量旋转物体角速度的磁电式转速传感器，其结构有两种形式：开磁路式和闭磁路式。它们都包括两部分：一是固定部分，包括永磁磁铁、感应线圈和软铁制成的极靴；二是可动部分，主要由转轴和测量轮组成。

它们的工作原理都是：当被测旋转体旋转时，测量轮与软铁间的间隙大小不断发生变化，从而使线圈中的磁通不断变化，在线圈中产生感应电动势。图 2-42（a）所示为开磁路变磁通式，测量轮为齿轮，其变化频率等于被测转速与测量齿轮齿数的乘积。图 2-42（b）所示为闭磁路变磁通式，图中测量轮为椭圆形测量轮，其频率与测量轮的转速成正比；测量轮也可以做成齿轮，软铁制成内齿轮形式，内外齿轮齿数相同。

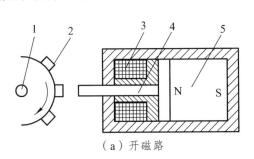
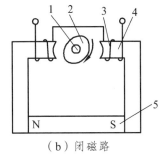

（a）开磁路 （b）闭磁路

图 2-42 变磁通式磁电传感器结构图

1—转轴；2—测量轮；3—感应线圈；4—软铁；5—永久磁铁

变磁通式传感器对环境条件要求不高，能在 – 150 ~ + 90 ℃ 的温度下工作，不影响测量精度，也能在油、水雾、灰尘等条件下工作。但它的工作频率下限较高，约为 50 Hz，上限可达 100 kHz。

二、磁电式传感器的测量电路

磁电式传感器可以直接输出感应电动势信号，具有较高的灵敏度，一般不需要高增益放大电路，只适用于动态测量，可直接测量振动物体的速度或旋转体的角速度。如果在测量电路中接入积分电路或微分电路，还可以用来测量位移或加速度。图 2-43 所示为磁电式传感器一般测量电路示意图。

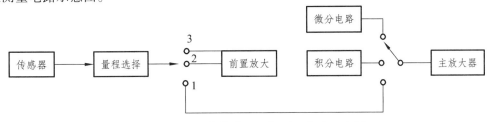

图 2-43 磁电式传感器一般测量电路示意图

三、磁电式传感器的应用

1. 磁电感应式振动传感器

图 2-44 所示为振动传感器的结构原理图。图中永久磁铁通过铝架和圆筒形导磁材料制成的壳体固定在一起，形成磁路系统，壳体还起屏蔽作用。磁路中有两个环形气隙，右气隙中放有工作线圈，左气隙中放有用铜或铝制成的圆环形阻尼器，工作线圈和圆环形阻尼器用同心轴连接在一起组成质量块，用圆形弹簧片支承在壳体上。使用时，将传感器固定在被测振

动体上，永久磁铁、铝架、壳体一起随被测体振动，由于质量块的惯性会产生惯性力，而弹簧片又非常柔软，当振动频率远大于传感器的固有频率时，线圈在磁路系统的环形气隙中相对永久磁铁运动，以振动体的振动速度切割磁力线，产生感应电动势，通过引线输出到测量电路。同时良导体阻尼器也在磁路系统气隙中运动，感应产生涡流，形成系统的阻尼力，起衰减固有振动和扩展频率响应范围的作用。

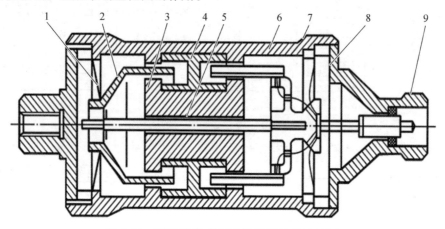

图 2-44　磁电感应式振动传感器结构示意图

1、8—圆形弹簧片；2—圆环形阻尼器；3—永久磁铁；4—铝架；
5—同心轴；6—工作线圈；7—壳体；9—引线

2. 磁电感应式扭矩传感器

图 2-45 是磁电式扭矩传感器的工作原理图。在驱动源和负载之间的扭转轴的两侧安装有齿形圆盘，它们旁边装有相应的两个磁电感应式传感器，如图 2-45 所示，它由永久磁铁、线圈和铁心组成。永久磁铁产生的磁通与齿形圆盘交链，当齿形圆盘旋转时，圆盘齿凸凹引起磁路气隙的变化，于是磁通量也发生变化，在线圈中产生交流电压，其频率等于圆盘上齿数与转速的乘积，即

$$f = Zn \qquad\qquad (2-59)$$

式中　Z——传感器定子、转子的齿数。

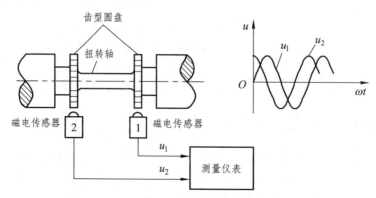

图 2-45　磁电式扭矩传感器工作原理图

当被测转轴有扭矩作用时，轴的两端产生扭角，两个传感器输出一定附加相位差的感应电压 U_1 和 U_2，这个相位差与扭角成正比。这样，传感器就把扭矩引起的扭转角转换成相应变化的电信号。

3. 磁电感应式转速传感器

图 2-46 所示为一种磁电感应式转速传感器的结构原理图。图中转子盘与转轴固紧。转子和软铁、定子均用软铁制成，它们和永磁体组成磁路系统。转子和定子的环形端面上都均匀地分布着齿和槽，二者的齿、槽数对应相等。测量转速时，传感器的转轴与被测物体转轴相连接，因而带动转子转动。当转子的齿与定子的齿相对时，气隙最小，磁路系统中的磁通最大。而槽与槽相对时，气隙最大，磁通最小。因此当转子转动时，磁通周期性地变化，从而在线圈中感应出近似正弦波的电压信号，其频率与转速成正比例关系。

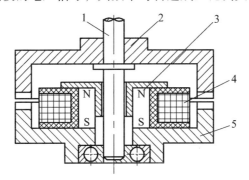

图 2-46 磁电感应式转速传感器

1—转轴；2—转子；3—永久磁铁；4—线圈；5—定子

思考与练习

1. 将 100 Ω 应变片贴在弹性试件上，若试件截面积 $S = 0.5 \times 10^{-4}$ m²，弹性模量 $E = 2 \times 10^{11}$ N/m²，若由 5×10^4 N 的拉力引起的应变计电阻变化为 1 Ω，试求该应变片的灵敏度系数。

2. 如图 2-6 所示为应变式传感器通常采用的直流电桥式测量电路，试证明要使电桥平衡（即输出为零），应满足 $R_1R_3 = R_2R_4$。

3. 某工程技术人员进行材料拉力测试时，在棒状材料上贴了两组应变片，如何利用这四片电阻应变片组成电桥？如何贴？请画出示意图并说明。

4. 电容式传感器有哪几类？分别可以测量哪些量？

5. 如图 2-17（a）所示，在以空气为介质的变面积型平板电容传感器中，平板遮盖的初始宽度和长度分别为 10 mm 和 15 mm，两极板间距离为 1 mm。一块板在初始位置上平移了 5 mm 后，求该传感器的位移灵敏度 K（已知空气相对介电常数 $\varepsilon = 1$ F/m，真空时的介电常数 $\varepsilon_0 = 8.854 \times 10^{-12}$ F/m）。

6. 已知变气隙电感传感器的铁心截面积 $S = 1.5$ cm²，磁路长度 $L = 20$ cm，相对磁导率 $\mu_1 = 5000$，气隙 $\delta_0 = 0.5$ cm，$\Delta\delta = \pm 0.1$ mm，真空磁导率 $\mu_0 = 4\pi \times 10^{-7}$ H/m，线圈匝数 $W = 3000$，

求单端式传感器的灵敏度 $\Delta L/\Delta\delta$。若将其做成差动结构形式，灵敏度将如何变化？

7. 分析变气隙厚度的电感式传感器出现非线性的原因，并说明如何改善？

8. 为什么说磁电感应式传感器是一种有源传感器？

9. 磁电式传感器与电感式传感器有哪些不同？磁电式传感器可测哪些物理量？

10. 通过查阅相关资料及网络搜索，写出一篇结构型传感器在轨道交通领域应用的综述性调查报告。

第三章　物性型传感器及其应用

第一节　霍尔式传感器

铁路信号微机监测系统是保证行车安全的重要设备之一，它主要对信号设备的开关量及模拟量进行动态实时监测，通过传感器采集信号设备的信息，并送至监测站机进行分析。作为铁路信号设备室外三大件之一的道岔转辙机实时监测是其中重要的一项内容，通过与监测站机相连的道岔传感器实时采集道岔动作电流，实时反映道岔转辙机的电气特性，实现对其24 h不间断监测。这种道岔传感器就属于线性霍尔传感器，另外，开关型霍尔传感器在高速铁路的测速和定位技术中也有相应的应用（见图3-1）。

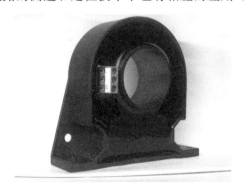

图 3-1　霍尔电流传感器与霍尔转速传感器

1879 年，美国人霍尔在攻读博士学位期间发现了"霍尔效应"。他在研究金属的导电机构时发现：当放置的磁体所产生的磁场与电流流经的薄金矩形材料的一面垂直时，在相对应的边缘就会产生电压，并且这个电压与流经导体的电流及垂直于导体的磁场强度成正比。霍尔效应的发现受到了人们的重视，被开尔文赞为可以与法拉第最伟大的发现相媲美的发现，但是之后70多年却并没有任何在理论物理学领域之外的实际应用。随着20世纪50年代半导体材料的出现，霍尔效应才逐步得到了应用。

一、霍尔效应

金属或半导体薄片置于磁场中，磁场方向垂直于薄片，当有电流流过薄片时，在垂直于电流和磁场的方向上将产生电动势，这种现象称为霍尔效应。该电动势称为霍尔电动势，上述半导体薄片称为霍尔元件。用霍尔元件做成的传感器称为霍尔传感器。

如图 3-2 所示，霍尔效应是半导体中自由电荷受磁场洛仑兹力作用而产生的。假设霍尔元件为 N 型半导体，在其左右两端通以电流 I，称为控制电流。那么，半导体多子 ——电子，将沿着与电流 I 相反的方向运动。由于外磁场 B 的作用，使电子受到洛仑兹力 F_L 的作用而发生偏转，结果在半导体的后端面上，电子进行积累，而前端面缺少电子，因此，后端面带负电，前端面带正电，在前后两端间形成电场。电子在该电场中受到的电场力 F_E 阻碍电子继续偏转，当 F_E 与 F_L 相等时，电子的积累和偏转达到动态平衡。这时，在半导体的前后两个端面间建立的电场叫霍尔电场 E_H，相应的电势就是霍尔电势 U_H。

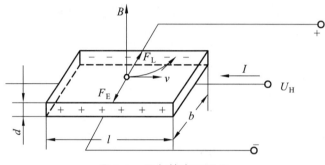

图 3-2　霍尔效应原理图

若电子以速度 v 按图 3-2 所示方向运动，受到的洛仑兹力为

$$F_L = evB \tag{3-1}$$

电子受到的电场力为

$$F_E = -eE_H \tag{3-2}$$

负号表示力的方向与电场方向相反。l、b、d 分别为半导体的长、宽、高。由于

$$E_H = U_H / b \tag{3-3}$$

则电子受到的电场力可表示为

$$F_E = -eU_H / b \tag{3-4}$$

当电子的偏转积累，使得电子受到的力达到动态平衡时

$$F_E + F_L = 0 \tag{3-5}$$

将式（3-1）和式（3-4）代入式（3-5）得

$$vB = U_H / b \tag{3-6}$$

半导体中的电流密度为（流过单位面积的电流强度）

$$j = -nev \tag{3-7}$$

其中 n 为 N 型半导体中的电子浓度，即单位体积中的电子数，负号表示电流方向与电子

运动方向相反。所以电流强度为

$$I = j \cdot ab = -nev \cdot ab \qquad (3-8)$$

则

$$v = I / (neab) \qquad (3-9)$$

代入式（3-6）得

$$U_{\mathrm{H}} = -\frac{IB}{ned} = R_{\mathrm{H}} \cdot \frac{IB}{d} = k_{\mathrm{H}} \cdot IB \qquad (3-10)$$

其中，$R_{\mathrm{H}} = -1/ne$，称为霍尔系数，由载流材料的性质决定；$k_{\mathrm{H}} = R_{\mathrm{H}}/d = -1/(ned)$，称为灵敏度系数，表示在单位磁感应强度和单位控制电流的作用下，输出霍尔电势的大小。

如果磁场与霍尔元件的法线有 α 的夹角，则式（3-10）改写成

$$U_{\mathrm{H}} = k_{\mathrm{H}} IB \cos \alpha \qquad (3-11)$$

金属材料中自由电子浓度 n 很高，因此 R_{H} 很小，使输出 U_{H} 很小，不宜制作霍尔元件。霍尔式传感器中的霍尔元件都是用半导体材料制成。

如果是 P 型半导体，其载流子是空穴，若空穴的浓度为 p，同理可得霍尔电势

$$U_{\mathrm{H}} = \frac{IB}{ped} \qquad (3-12)$$

材料的电阻率 ρ 与载流子的浓度 p（或 n）、载流子的迁移率 μ（$\mu = v/E$，即单位电场强度作用下载流子的平均速度）的关系为

$$\rho = \frac{1}{pq\mu} \quad \text{或} \quad \rho = \frac{1}{nq\mu} \qquad (3-13)$$

其中 q 为载流子的电量。那么可以得到

$$R_{\mathrm{H}} = \rho\mu \qquad (3-14)$$

由此可见，要想霍尔效应强，就希望 R_{H} 值大，这就要求材料的电阻率高，同时迁移率大。一般金属材料的载流子迁移率很大，但电阻率很低；而绝缘体的电阻率虽然很高，但载流子迁移率极小。只有半导体才是两者兼优的制造霍尔元件的理想材料。而且，一般情况下，电子的迁移率大于空穴的迁移率，因此霍尔元件多用 N 型半导体材料。

由式（3-10）可知，d 越小，k_{H} 就越大，所以，一般的霍尔元件都很薄，厚度在 1 μm 左右。

当控制电流和磁场方向其中之一反向，则霍尔电势的方向反向。当它们同时反向，则霍尔电势方向不变。

当霍尔元件的材料和尺寸都确定后，霍尔电势的大小正比于控制电流和磁感应强度。因此，当控制电流一定时，可用霍尔元件测量磁感应强度；或当磁感应强度一定时，可测量电流。特别地，当控制电流一定，霍尔元件处于一线性梯度磁场中，在霍尔元件移动时，输出的霍尔电势能反映磁场的大小，从而知道霍尔元件的位置。因此，可用来测量微小位移、压

力和机械振动等。

二、霍尔元件

霍尔元件是根据霍尔效应原理制成的磁电转换元件，常用锗、硅、砷化镓、砷化铟及锑化铟等半导体材料制成。用锑化铟制成的霍尔元件灵敏度最高，但受温度的影响较大。用锗制成的霍尔元件虽然灵敏度低，但它的温度特性及线性度好。目前使用锑化铟霍尔元件的场合较多。

1. 霍尔元件的结构

图 3-3（a）、（b）所示为霍尔元件的外形结构图，它由霍尔片、四根引线和壳体组成，激励电极通常用红色线，而霍尔电极通常用绿色或黄色线表示。霍尔元件在电路中的电气符号可用图 3-3（c）所示的两种符号表示。

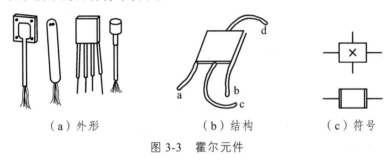

（a）外形   （b）结构   （c）符号

图 3-3　霍尔元件

2. 霍尔元件的基本测量电路

霍尔元件的基本测量电路如图 3-4 所示。控制电流 I 由电源 E 提供，R_P 是用来调节控制电流大小的。R_L 是输出霍尔电势 U_L 的负载。R_L 通常为放大器的输入电阻或测量仪表的内阻。由于霍尔元件必须在磁场和控制电流的作用下才会产生霍尔电势，所以可以把 $I \cdot B$ 乘积、I、B 作为输入信号，霍尔元件的输出电势分别正比于 $I \cdot B$ 或 I、B。

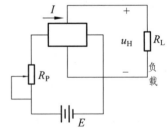

3. 不等位电势及补偿

在额定的直流控制电流 I_H 下，不加外磁场时，霍尔电极

图 3-4　霍尔元件基本测量电路

间的空载电势称为不等位电势，或叫零位电势，用 U_0 表示。产生不等位电势的主要原因有：霍尔电极安装位置不正确，电极不对称或不在同一等位面上；半导体材料不均匀，造成电阻率不均匀或几何尺寸不均匀；控制电极接触不均匀，造成控制电流分布不均匀。

由于不等位电势与不等位电阻是一致的，因此可用分析电阻的方法对其进行补偿。如图 3-5 所示，其中 A、B 为控制电极，C、D 为霍尔电极，在极间分布的电阻用 R_1、R_2、R_3、R_4 来表示。理想情况下，$R_1 = R_2 = R_3 = R_4$，即可得零位电势为零。实际上，若存在零位电势，则说明这四个电阻不等。将这四个电阻视为电桥的四个臂，当存在零位电势时，电桥不平衡，为了使电桥达到平衡状态，可在电桥的阻值较大的臂上并联一个电阻，如图（a）所示，或在两个臂上同时并联电阻，如图（b）和（c）所示，显然图（c）调节比较方便。

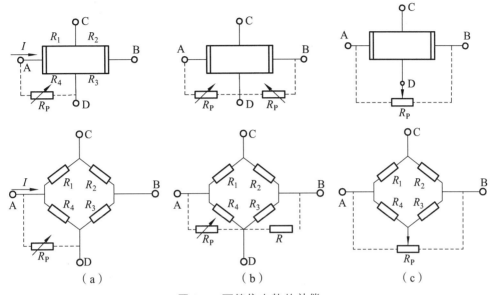

（a）　　　　　　　　（b）　　　　　　　　（c）

图 3-5　不等位电势的补偿

对于霍尔元件的不等位电势，除了用上述分析电阻的方法进行补偿外，还可采用机械修磨或化学腐蚀的方法。

三、霍尔集成传感器

霍尔集成传感器较传统霍尔式传感器具有体积小、灵敏度高、输出幅度大、温漂小、对电源稳定性要求低等优点。霍尔集成传感器有线性型和开关型两大类。

线性型霍尔集成传感器的内部电路如图 3-6 所示，霍尔元件和恒流源、线性差动放大器等做在一个芯片上，输出电压为伏级，比直接使用霍尔元件方便得多。图 3-7 所示为其输出特性，在一定范围内输出特性为线性。

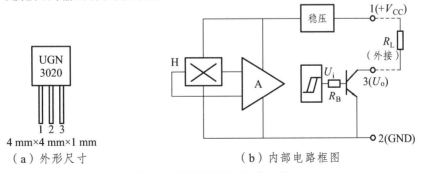

（a）外形尺寸　　　　　（b）内部电路框图

图 3-6　线性型霍尔集成电路

开关型霍尔集成传感器的内部电路如图 3-8 所示，霍尔元件、稳压电路、放大器、施密特触发器、OC 门（集电极开路输出门）等电路做在同一个芯片上。当外加磁场强度超过规定的工作点时，OC 门由高阻态变为导通状态，输出变为低电平；当外加磁场强度低于释放点时，OC 门重新变为高阻态，输出高电平。图 3-9 为输出特性，它是一种开关特性。

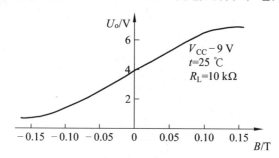

图 3-7　线性型霍尔集成电路输出特性

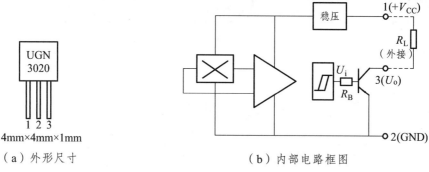

（a）外形尺寸　　　　　　　　　　（b）内部电路框图

图 3-8　开关型霍尔集成电路

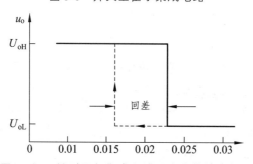

图 3-9　开关型霍尔集成电路的史密特输出特性

四、霍尔式传感器的应用

霍尔电动势是关于 I、B、θ 三个变量的函数，即 $E_H = K_H I B \cos\theta$，可使其中两个量不变，将第三个量作为变量；或者固定其中一个量，其余两个量都作为变量，形成三个变量的多种组合。

（1）维持 I、θ 不变，则 $E_H = f(B)$，这方面的应用有：测量磁场强度的高斯计、测量转速的霍尔转速表、磁性产品计数器、霍尔角编码器，以及基于微小位移测量原理的霍尔加速度计、微压力计等。

（2）维持 I、B 不变，则 $E_H = f(\theta)$，这方面的应用有角位移测量仪等。

（3）维持 θ、B 不变，则 $E_H = f(I)$，这方面的应用有电流表、电压表等。

（4）维持 θ 不变，则 $E_H = f(IB)$，即传感器的输出 E_H 与 I、B 的乘积成正比，这方面的应用有模拟乘法器、霍尔功率计、电能表等。

1. 霍尔加速度传感器

霍尔加速度传感器的结构原理和静态特性曲线如图 3-10 所示。在盒体上固定均质弹簧片 S，片 S 的中部装有一惯性块 M，片 S 的末端固定测量位移的霍尔元件 H，H 的上下方装上一对永磁体，它们同极性相对安装。盒体固定在被测对象上，当它们与被测对象一起做垂直向上的加速运动时，惯性块在惯性力的作用下使霍尔元件 H 产生一个相对盒体的位移，产生霍尔电压 V_H 的变化。可从 V_H 与加速度的关系曲线上求得加速度。

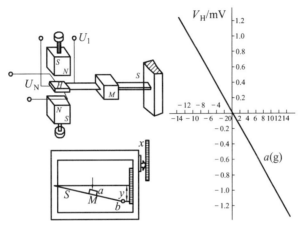

图 3-10 霍尔加速度传感器的结构原理和静态特性曲线

2. 角位移测量仪

角位移测量仪结构示意图如图 3-11 所示。霍尔器件与被测物连动，而霍尔器件又在一个恒定的磁场中转动，于是霍尔电动势 E_H 就反映了转角 θ 的变化。将图中的铁心气隙减小到夹紧霍尔器件的厚度。则 B 正比于 U_i，霍尔器件的 U_o 正比于 B。此角位移测量仪可以改造为霍尔电压传感器，测量直流电压。

3. 霍尔接近开关

霍尔接近开关的应用示意图如图 3-12 所示。在图 3-12（b）中，磁极的轴线与霍尔接近开关的轴线在同一直线上。当磁铁随运动部件移动到距霍尔接近开关几毫米时，霍尔接近开关的输出由高电平变为低电平，经驱动电路使继电器吸合或释放，控制运动部件停止移动（否则将撞坏霍尔接近开关），起到限位的作用。

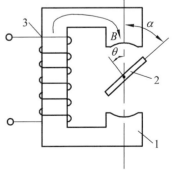

图 3-11 角位移测量仪结构示意图
1—极靴；2—霍尔器件；3—励磁线圈

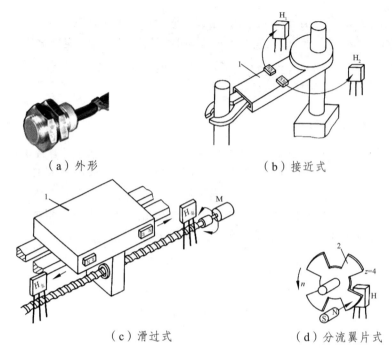

（a）外形 　　　　　　　　　（b）接近式

（c）滑过式 　　　　　　　　　（d）分流翼片式

图 3-12　霍尔接近开关应用示意图

1—运动部件；2—软铁分流翼片

在图 3-12（d）中，磁铁和霍尔接近开关保持一定的间隙，均固定不动。软铁制作的分流翼片与运动部件联动。当它移动到磁铁与霍尔接近开关之间时，磁力线被屏蔽（分流），无法到达霍尔接近开关，此时霍尔接近开关输出跳变为高电平。改变分流翼片的宽度可以改变霍尔接近开关的高电平与低电平的占空比。

4. 霍尔电流传感器

如图 3-13 所示，用一环形（有时也可以是方形）导磁材料做成铁心，套在被测电流流过

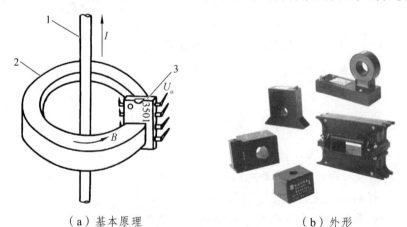

（a）基本原理 　　　　　　　　　（b）外形

图 3-13　霍尔电流传感器原理及外形

1—被测电流母线；2—铁心；3—线性霍尔器件

的导线（也称电流母线）上，将导线中电流感生的磁场聚集在铁心中。在铁心上开一与霍尔传感器厚度相等的气隙，将霍尔线性器件紧紧地夹在气隙中央。电流母线通电后，磁力线集中通过铁心中的霍尔器件，霍尔器件输出与被测电流成正比的输出电压或电流。霍尔电流传感器能够测量直流电流，弱电回路与主回路隔离，能够输出与被测电流波形相同的"跟随电压"，容易与计算机及二次仪表接口，准确度高、线性度好、响应时间快、频带宽，不会产生过电压。

5. 霍尔传感器测量转速

利用霍尔元件测量转速的工作原理非常简单,将永久磁体按适当的方式固定在被测轴上,霍尔元件置于磁铁的气隙中，当轴转动时，霍尔元件输出的电压则包含有转速的信息，该电压经后续电路处理,便可得到转速的数据。图 3-14 所示为霍尔传感器测量转速方法的示意图。

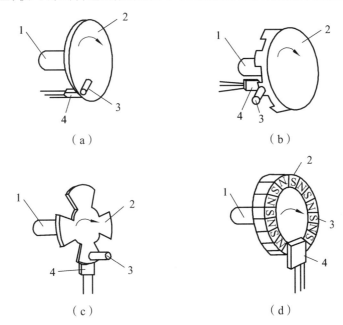

（a）　　　　　　　　（b）

（c）　　　　　　　　（d）

图 3-14　几种霍尔式转速传感器的结构

1—输入轴；2—转盘；3—小磁铁；4—霍尔传感器

第二节　压电式传感器

随着铁路运输的高速发展，快速重载列车的普遍开行，导致线路维修次数的不断增加，轨道状态的持续恶化，轨道状态的检测作用越发重要。在轨道状态检测中，可通过压电加速度传感器测量转向架轴箱角速度，进行轨道不平顺检测。如果轨道的平顺状态满足要求，高速列车的振动和动作用力都不太大，行车安全和平稳舒适性就能得到保证，轨道和机车车辆部件的使用周期和维修周期也会得到延长。如图 3-15 所示，压电式传感器是一种发电型的可逆换能器，它利用了某些晶体材料所具有的压电效应，既可以把机械能（力、压力等）转换成电能（电荷、电压等），也可以把电能转换成机械能。

图 3-15　压电式传感器

1880 年，皮埃尔·居里和雅克·居里兄弟发现电气石具有压电效应。1881 年，他们通过实验验证了逆压电效应，并得出了正逆压电常数。1984 年，德国物理学家沃德马·沃伊特推论出只有具有特殊分子结构的晶体才可能具有压电效应。压电传感器的工作原理是基于某些电介质材料的压电效应，是典型的有源传感器。当介质材料受力作用而变形时，其表面会产生电荷，由此而实现非电量测量。压电传感器体积小、重量轻、工作频带宽，是一种力敏传感器件，它可测量各种动态力，也可测量最终能变换为力的那些非电物理量，如压力、加速度、机械冲击与振动等。

一、压电效应

某些电介质在沿某一方向上受到外力的作用而变形时，内部会产生极化现象，同时在其表面上产生电荷，当外力去掉后，又重新回到不带电的状态，这种现象称为压电效应。

在电介质的极化方向上施加交变电场，它会产生机械变形；当去掉外加电场，电介质变形随之消失，这种现象称为逆压电效应（电致伸缩效应）。

在自然界中，大多数金属都有压电效应，但大多微弱。用于压电元件材料的主要有三类：天然的单晶压电晶体（如石英晶体）、人工极化的多晶体压电陶瓷（如碳酸钡）、近几年发展起来的高分子压电材料。

石英晶体的突出优点是性能非常稳定。在 20 ~ 200 ℃ 的范围内压电常数的变化率只有 $-0.016\%/℃$。其缺点是压电常数较小（$d = 2.31 \times 10^{-12}$ C/N）。因此，石英晶体大多只在标准传感器、高精度传感器或使用温度较高的传感器中。下面就以石英晶体的压电效应为例进行介绍。

图 3-16（a）所示为天然石英晶体，其结构形状为一个六角形晶柱，两端为一对称棱锥；图 3-16（b）所示为理想的天然石英晶体外形，是一个正六面棱体；图 3-16（c）所示为 zy 平面石英切片。石英晶体是各向异性材料，不同方向具有各异的物理特性。为了分析方便，用三个相互垂直的轴 x、y、z 来描述：

x 轴称为电轴，它经过六面体的棱线并垂直于 z 轴，沿该方向受力产生的压电效应称为纵向压电效应；y 轴称为机械轴，是与 x、z 轴同时垂直的轴，沿该方向受力产生的压电效应称为横向压电效应；z 轴称为光轴，是通过锥顶端的轴线，是纵向轴，沿该方向受力不会产生压电效应。

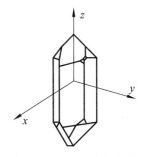
（a）天然石英晶体结构

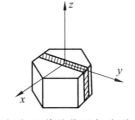
（b）石英晶体理想外形

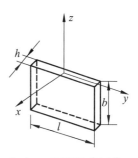
（c）zy 平面石英切片

图 3-16 石英晶体及其切片

图 3-17 给出了电荷极性与受力方向的关系。若沿晶片的 x 轴施加压力 F_x，则在加压的两表面上分别出现正负电荷，如图 3-17（a）所示。若沿晶片的 y 轴施加压力 F_y 时，则在加压的表面上不出现电荷，电荷仍出现在垂直 x 轴的表面上，只是电荷的极性相反，如图 3-17（c）所示。若将 x、y 轴方向施加的压力改为拉力，则产生电荷的位置不变，只是电荷的极性相反。如图 3-17（b）、（d）所示。值得注意的是纵向（x 方向）压电效应与元件尺寸无关，而横向（y 方向）压电效应与元件尺寸有关。

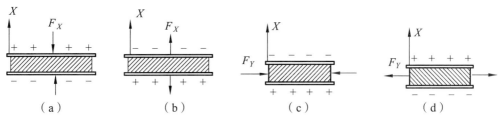
图 3-17 石英晶体电荷极性与受力方向关系

纵向压电效应时，当石英晶片受到 x 方向的拉伸力时，产生的电荷 q_{11} 正比于作用力 F_x。

$$q_{11} = d_{11}F_x \tag{3-15}$$

横向压电效应时，当石英晶片受到 y 方向的拉伸力时，产生的电荷 q_{12} 正比于作用力 F_y，极性与纵向压电效应时相反。且产生的电荷量与晶片尺寸（长度和厚度）有关。

$$q_{12} = -d_{11}(h/b)F_y \tag{3-16}$$

其中，d_{11} 是石英晶体的压电常数，它是衡量材料压电效应强弱的参数。

二、压电式传感器的工作原理

当压电式传感器中的压电元件承受外力的作用时，在它的两个极面上出现极性相反，但电量相等的电荷。可把压电传感器看成一个静电荷发生器。也可把它视为两极板上聚集异性电荷，中间为绝缘体的电容器。

如图 3-18 所示，压电式传感器工作表面上所产生的电荷 q 及传感器的固有电容 C_a 为

$$q = DF \tag{3-17}$$

$$C_a = \frac{\varepsilon \varepsilon_0 A}{\delta} \qquad (3\text{-}18)$$

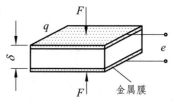

式中，D 为压电系数，与压电材料及切片方向有关；F 为外部作用力；ε 为压电材料的相对介电常数；ε_0 为真空的介电常数；δ 为压电晶片的厚度；A 为极板面积。

当引出端开路时，电容器上的电压、电荷、电容之间的关系为

图 3-18　压电式传感器示意图

$$e = \frac{q}{C_a} \qquad (3\text{-}19)$$

1. 压电式传感器的等效电路

如图 3-19（a）、（b）所示，压电式传感器可等效为电荷源 q 和一个电容器 C_a 的并联电路；也可等效为一个电压源 e 和一个电容器 C_a 的串联电路。

压电式传感器在实际使用时总要与测量仪器或测量电路相连接，因此还需考虑连接电缆的等效电容 C_c，放大器的输入电阻 R_i，输入电容 C_i，以及压电传感器的泄漏电阻 R_a。压电传感器在测量系统中的实际等效电路如图 3-19（c）所示。图 3-19（d）是简化的实际等效电路，其中 $R = R_a \parallel R_i$，$C = C_a \parallel C_c \parallel C_i = C_a + C_c + C_i$。

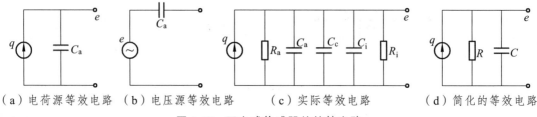

（a）电荷源等效电路　（b）电压源等效电路　（c）实际等效电路　（d）简化的等效电路

图 3-19　压电式传感器的等效电路

传感器内部信号电荷无"漏损"，外电路负载无穷大时，压电式传感器受力后产生的电压或电荷才能长期保存，否则电路将以某时间常数按指数规律放电。这对于静态标定及低频准静态测量极为不利，必然带来误差。事实上，传感器内部不可能没有泄漏，外电路负载也不可能无穷大，只有外力以较高频率不断地作用，传感器的电荷才能得以补充。因此，压电式传感器不适合于静态测量，而适合动态测量。

2. 压电式传感器的测量电路

由于压电式传感器本身的内阻抗很高，输出信号很小，它的测量电路常常需要接入高输入阻抗的前置放大器。其作用一是把它的高输入阻抗（一般 1000 MΩ 以上）变换为低输入阻抗（小于 100 Ω）；二是对传感器输出的微弱信号进行放大。根据压电式传感器的等效电路，它输出的既可以是电荷，又可以是电压。所以，连接的放大电路有两种形式：一种是电压放大器；另一种是电荷放大器。

1）电压放大器

如图 3-20 所示，电压放大器为一开环放大器，放大器的输出为

$$e_o(t) = -K \cdot e(t) = -\frac{KD\omega R F_m}{\sqrt{1+(\omega RC)^2}} \sin\left[\omega t + \frac{\pi}{2} - \tan^{-1}(\omega RC)\right] \qquad (3\text{-}20)$$

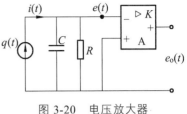

图 3-20 电压放大器

当 $\omega \to 0$ 时，$e_o(t) \to 0$，因此，不适合于静态或低频信号的转换。

当 $\omega \gg \dfrac{1}{RC}$ 时，$e_o(t) \approx \dfrac{KDF_m}{C} \sin\omega t$，输出为与输入 $f(t) = F_m \sin\omega t$ 同频、同相位的正弦信号，但幅值相差了 $\dfrac{KD}{C}$ 倍（满足不失真测试条件）。因此，电压放大器适合于高频信号的转换。

2）电荷放大器

如图 3-21 所示，电荷放大器（C_f 为反馈电容）采用了闭环负反馈技术来增大放电时间常数，使系统能够对低频甚至静态参数进行不失真测试。根据电路关系，有

$$e_o(t) = \frac{-Kq(t)}{C+(K+1)C_f} \qquad (3\text{-}21)$$

由于运算放大器的开环增益 K 很大（$10^4 \sim 10^5$），所以 $(K+1)C_f \gg C$，$K+1 \approx K$，故

$$e_o(t) \approx -\frac{q(t)}{C_f} = -\frac{D}{C_f} f(t) \qquad (3\text{-}22)$$

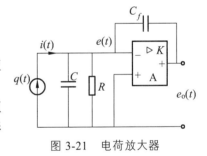

图 3-21 电荷放大器

电荷放大器的输出正比于传感器上所产生的电荷，即正比于作用在压电传感器上的力，与电路参数基本无关。

压电传感器配接电荷放大器可以实现对高频、低频乃至静态参数的不失真测试，且输出基本不受电缆电容变化的影响。

3. 压电式传感器的连接方式

压电式传感器中，为了提高灵敏度，通常采用两片或两片以上压电材料黏合在一起。因为电荷的极性关系，电元件有串联和并联两种接法。

图 3-22（a）为并联，$C_a' = 2C_a$，$q' = 2q$，$e' = e$，电荷灵敏度提高了一倍，适用于测量缓慢变化的信号，并以电荷为输出量，通常用于后接电荷放大器。

图 3-22（b）为串联，$C_a'' = C_a/2$，$q'' = q$，$e'' = 2e$，电压灵敏度提高了一倍，适用于测量电路有高输入阻抗，并以电压为输出量，通常用于后接电压放大器。

（a）并联　　　　　　（b）串联

图 3-22 压电晶片的串、并联

三、压电式传感器的应用

由于压电式力传感器具有结构简单、体积小、质量轻、频响高、信噪比大、灵敏度高、测量精度高、稳定性高、工作可靠、测量范围广等优点,应用较为广泛。例如,压电式力传感器是以压电元件为转换元件,输出电荷与作用力成正比的力-电转换装置;压电式金属加工切削力测量传感器中的压电陶瓷元件的自振动频率高,特别适合测量变化剧烈的载荷,当进行切削加工时,切削力通过刀具传给压电传感器,压电传感器将切削力转换为电信号输出;压电式玻璃破碎报警器利用压电元件对振动敏感的特性来感知玻璃受撞击和破碎时产生的振动波,把振动波转换成电压输出,输出电压经过放大、滤波、比较等处理后提供给报警系统;雨滴传感器利用振动板接收雨滴冲击能量的功能,压电元件把从振动板传递来的变形转换成电压;电子血压计通过在捆扎布内部安装的压电元件,把血液流过血管中产生的"克隆脱克泼"音转换成电信号。

此外,利用压电陶瓷将外力转换成电能的特性,可以生产出不用火石的压电打火机、煤气灶打火开关、炮弹触发引信等。压电陶瓷还可以作为敏感材料,应用于扩音器、电唱头等电声器件。将其用于压电地震仪,可以对人类不能感知的细微振动进行监测,并精确测出震源方位和强度,从而预测地震,减少损失。利用压电效应制作的压电驱动器具有精确控制的功能,是精密机械、微电子和生物工程等领域的重要器件。

1. 压电式加速度传感器

压电式加速度传感器结构一般有纵向效应型、横向效应型和剪切效应型三种。纵向效应是最常见的,如图 3-33 所示。压电陶瓷 4 和质量块 2 为环形,通过螺母 3 对质量块预先加载,使之压紧在压电陶瓷上。测量时将传感器基座 5 与被测对象牢牢地紧固在一起。输出信号由电极 1 引出。

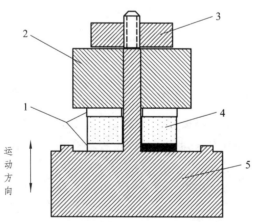

图 3-23　纵向效应型加速度传感器的截面图

当传感器感受振动时,质量块感受到与传感器基座相同的振动,并受到与加速度方向相反的惯性力,此力 $F = ma$。同时惯性力作用在压电陶瓷片上产生电荷为

$$q = d_{33}F = d_{33}ma \qquad (3\text{-}23)$$

此式表明电荷量直接反映加速度大小。其灵敏度与压电材料压电系数和质量块质量有关。

为了提高传感器灵敏度，一般选择压电系数大的压电陶瓷片。增加质量块质量会影响被测振动，同时会降低振动系统的固有频率，因此，一般不用增加质量办法来提高传感器灵敏度。此外，用增加压电片数目和采用合理的连接方法也可提高传感器灵敏度。

2. 压电式压力传感器

如图 3-24 所示的压电式测压传感器由引线 1、壳体 2、基座 3、压电晶片 4、受压膜片 5 及导电片 6 组成。当膜片 5 受到压力 P 作用时，会在压电晶片上产生电荷。在一个压电片上所产生的电荷 q 为

$$q = d_{11}F = d_{11}SP$$

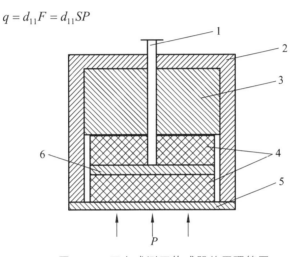

图 3-24 压电式测压传感器的原理简图

第三节 热电式传感器

温度是与人类生活息息相关的物理量。在轨道交通领域，温度采集应用同样比较广泛。例如，在地铁的环境控制系统中的室内温度、管道温度，以及车站站厅公共区温度等，都需要实时监测（见图 3-25）。铁路动车车辆轴承温度检测是确保车辆安全运行的重要一环（见图 3-26）。

图 3-25 地铁站厅温度采集

图 3-26 铁路机车轴温传感器

热电式传感器是利用转换元件电磁参量随温度变化的特性，对温度和与温度有关的参量进行检测的装置。它通常将被测温度的变化转换为敏感元件的电阻、磁导或电势等的变化，通过适当的测量电路，就可由电压、电流这些电参数的变化来表达所测温度的变化。简言之，热电式传感器是一种将温度变化转换为电量变化的装置。其中，将温度变化转换为电阻变化的称为热电阻传感器；将温度变化转换为热电势变化的称为热电偶传感器。

一、热电阻传感器

热电阻传感器是利用导体或半导体的电阻值随温度变化而变化的原理进行测温的。热电阻传感器可分为金属热电阻式和半导体热电阻式两大类，前者简称热电阻，后者简称热敏电阻。

1. 热电阻

纯金属是构成热电阻的主要材料，虽然大多数金属都有一定的温度系数，但作为测温元件必须具有良好的线性、稳定性和较高的电阻率。因此目前常用的金属材料主要是铂和铜。

铂具有稳定的物理、化学性能，是目前制造热电阻的最好材料，它通常用作温度的基准、标准的传递，铂电阻温度计的使用范围是 – 200 ~ 850 ℃。其主要缺点是在还原气氛中容易被侵蚀变脆，因此一定要加保护套管，如图 3-27（a）所示。铜热电阻和铂电阻相比具有温度系数大、价格低、易于提纯等优点，但也存在电阻率小、体积较大、热惯性大、机械强度差等缺点。在测量精度要求不高，且测温范围比较小的情况下，可采用铜作热电阻材料代替铂电阻，如图 3-27（b）所示。

（a）铂热电阻　　　　　　　　（b）铜热电阻

图 3-27　金属热电阻

铜热电阻也是一种常用的热电阻。由于铂热电阻价格高，在一些测量精度要求不高而且测量温度较低的场合（如 – 50 ~ 150 ℃），普遍采用铜热电阻。其电阻温度系数较铂热电阻高、容易提纯、价格低廉。铜热电阻最主要的缺点是电阻率较小，为铂热电阻的 1/5.8，因而铜热电阻的电阻丝细且长，机械强度较低，体积较大。此外铜热电阻易被氧化，不宜在侵蚀性介质中使用。

铜热电阻在 – 50 ~ 150 ℃ 的适用范围内其电阻值与温度的关系几乎是线性的，可表示为

$$R_t = R_0(1 + at) \tag{3-25}$$

式中 R_t、R_0 ——热电阻在 t °C 和 R_0 °C 时的电阻值;

　　　a ——铜热电阻的电阻温度系数,a 为 $4.25 \times 10^{-3} \sim 4.28 \times 10^{-3}$ °C^{-1}。

　　热电阻主要由电阻体、绝缘套管和接线盒等组成。其结构如图 3-28 所示。电阻体的主要组成部分为:电阻丝、引出丝、骨架等。

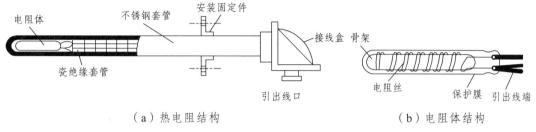

（a）热电阻结构　　　　　　　　　　（b）电阻体结构

图 3-28　热电阻的结构

　　在骨架上绕制好热电阻丝、焊好引线之后,在其外面加上云母片进行保护,再装入外保护套管中,并和接线盒或外部导线相连接,即得到热电阻传感器。

　　值得注意的是,不论是铂热电阻还是铜热电阻,阻值都较小,所以引线电阻不能忽视。热电阻传感器的测量电路最常用的是电桥电路。工业用的热电阻安装在生产现场,离控制室较远,热电阻的引出线对测量结果有较大影响。为了减小引出线电阻的影响,常采用三线制或四线制连接方法。

　　如图 3-29（a）所示,在电阻体的一端连接两根引出线,另一端连接一根引出线,此种引出线方式称为三线制。当热电阻和电桥配合使用时,这种引出线方式可以较好地消除引出线电阻的影响,提高测量精度。

　　如图 3-29（b）所示,在电阻体的两端各连接两根引出线称为四线制,这种引出线方式可以消除连接线电阻和寄生电动势影响引起的误差,主要用于高精度的温度测量。

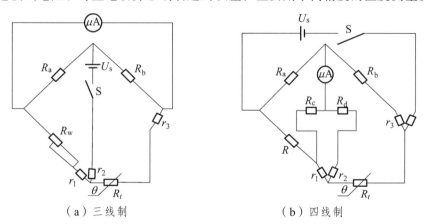

（a）三线制　　　　　　　　　　（b）四线制

图 3-29　热电阻传感器的测量电路

2. 热敏电阻

　　半导体热敏电阻是利用半导体材料的电阻率随温度变化的性质而制成的温度敏感元件,

半导体和金属具有完全不同的导电机理。热敏电阻的材料为锰、钴、铜、铁、锌等的氧化物的混合物。半导体热敏电阻与金属热电阻相比较，具有灵敏度高、体积小、热惯性小、响应速度快等优点；但目前它存在的主要缺点是互换性和稳定性较差，非线性严重，且不能在高温下使用，所以限制了其应用领域。

半导体热敏电阻根据随温度变化的典型特性分为三种类型：负温度系数热敏电阻 NTC、正温度系数热敏电阻 PTC 和在某一特定温度下电阻值发生突然变化的临界温度电阻器 CTR。它们的特性曲线如图 3-30 所示。

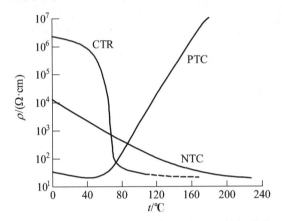

图 3-30　半导体热敏电阻随温度变化的特性曲线

PTC 热敏电阻具有正温度系数，由酸钡掺和稀土元素烧结而成。它的主要用途有彩电消磁、各种电器设备的过热保护、发热源的定温控制、限流元件等。CTR 热敏电阻具有负温度系数，以三氧化二钒与钡、硅等氧化物在磷、硅氧化物的弱还原气氛中混合烧结而成。它的主要用途为温度开关。NTC 热敏电阻具有很高的负电阻温度系数，主要由 Mn、Co、Ni、Fe、Cu 等过渡金属氧化物混合烧结而成。它的主要应用有点温、表面温度、温差、温场等测量自动控制及电子线路的热补偿线路。

二、热电偶传感器

热电偶传感器（简称热电偶）是目前温度测量中使用最普遍的传感元件之一。它除具有结构简单，测量范围宽、准确度高、热惯性小，输出信号为电信号便于远传或信号转换等优点外，还能用来测量流体的温度、测量固体及固体壁面的温度。微型热电偶还可用于快速及动态温度的测量。

1. 热电效应及热电偶的组成

两种不同材料的导体或半导体 A 和 B 组合成如图 3-31 所示的闭合回路，若导体 A 和 B 的连接处温度不同（设 $T > T_0$），则在此闭合回路中就有电流产生，也就是说回路中有电动势存在，这种现象叫作热电效应。相应的电动势称为热电动势（简称热电势）。导体（或半导体）A、B 称为热电偶的电极。这种现象早在 1821 年首先由西拜克发现，所以又称为西拜克效应。

如图 3-31 所示的回路中，两种不同导体或半导体组成的闭合回路称为热电偶。导体 A 或 B 称为热电偶的热电极或热电丝。图 3-32 所示为最简单的热电偶传感器测温系统示意图，图中有两个接点：一个称为热端（测量端或工作端），测温时放在被测介质（温度场）中；另一个称为冷端（参考端或自由端），通过导线与显示仪表或测量电路相连。

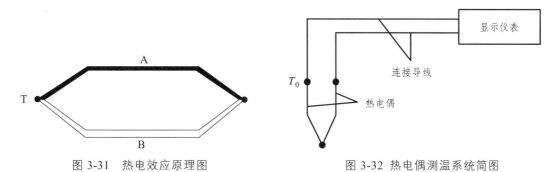

图 3-31 热电效应原理图　　　　　图 3-32 热电偶测温系统简图

2. 热电偶的测温原理

热电偶两端的热电势是由两种导体的接触电势和单一导体的温差电势所组成，如图 3-33、3-34 所示。

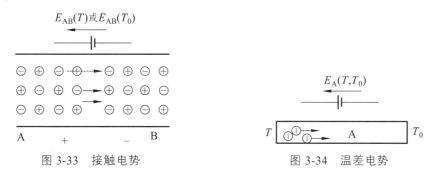

图 3-33 接触电势　　　　　图 3-34 温差电势

接触电势（帕尔贴电势）是由于两种不同导体（或半导体）的自由电子密度不同而在接触处形成的电动势。此电势与两种导体（或半导体）的性质以及接触点的温度有关。由于不同的金属材料所具有的自由电子密度不同，在接触面上就会发生电子扩散。电子扩散的速率与两导体的电子密度有关。

温差电势（汤姆逊电势）是同一导体的两端因其温度不同而产生的一种热电势。同一导体的两端温度不同时，高温端的电子能量要比低温端的电子能量大，因而从高温端跑到低温端的电子数比从低温端跑到高温端的要多，结果高温端因失去电子而带正电，低温端因获得多余的电子而带负电，因此，在导体两端便形成接触电势。

在总热电势中，温差电势比接触电势小很多，可忽略不计，热电偶的热电势可表示为

$$E_{AB}(T, T_0) = E_{AB}(T) - E_{AB}(T_0) \tag{3-26}$$

对于已选定的热电偶，当参考端温度 T_0 恒定时，$E_{AB}(T_0) = C$ 为常数，则总的热电动势就只与温度 T 成单值函数关系，即

$$E_{AB}(T, T_0) = E_{AB}(T) - C = f(T) \tag{3-27}$$

3. 热电偶基本定律

1）中间导体定律

将导体 A 和 B 构成热电偶，并将冷端 T_0 断开，无论插入导体 C 的温度分布如何，只要中间导体两端温度相同，则对热电偶回路总电动势没有影响，这就是中间导体定律。

如图 3-35 所示，在热电偶测温回路内接入第三种导体，只要第三种导体的两端温度相同，则对回路的总热电势不会产生影响。利用这个原理，在回路中引入连接导线和仪表不会影响回路中的热电势。

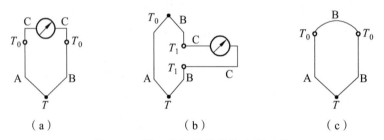

|（a） |（b） |（c） |

图 3-35 接入中间导体的热电偶回路

根据这个定律，我们可采取任何方式焊接导线，可以将热电势通过导线接至测量仪表进行测量，且不影响测量精度。

2）中间温度定律

在热电偶测温回路中，T_n 为热电极上某一点的温度，热电偶 AB 在接点温度为 T、T_0 时的热电势 $E_{AB}(T, T_0)$ 等于热电偶 AB 在接点温度为 T、T_n 和 T_n、T_0 时的热电势 $E_{AB}(T, T_n)$ 和 $E_{AB}(T_n, T_0)$ 的代数和，如图 3-36 所示，即

$$E_{AB}(T, T_0) = E_{AB}(T, T_n) + E_{AB}(T_n, T_0) \tag{3-28}$$

在实际热电偶测温回路中，利用热电偶这一性质，可对参考端温度不为 0 ℃ 的热电势进行修正；还可以连接与热电偶热电特性相近的导体 A′ 和 B′，将热电偶冷端延伸到温度恒定的地方，使热电偶回路中可以应用补偿导线。利用该定律，可对参考端温度不为 0 ℃ 的热电势进行修正。

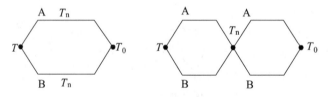

图 3-36 中间温度定律

3）标准电极定律

当温度为 T、T_0 时，用导体 A、B 组成的热电偶的热电势等于 AC 热电偶和 CB 热电偶的热电势之代数和，即

$$E_{AB}(T, T_0) = E_{AC}(T, T_0) + E_{CB}(T, T_0) \tag{3-29}$$

导体 C 称为标准电极，故把这一定律称为标准电极定律。该定律大大简化了热电偶选配电极的工作，只要获得有关电极与参考电极配对的热电势，那么任何两种电极配对后的热电势均可计算。由于纯铂丝的物理化学性能稳定，熔点较高，易提纯，所以目前常用纯铂丝作为标准电极。

几个结论：① 热电偶必须采用两种不同材料作为电极，否则无论热电偶两端温度如何，热电偶回路总电势为零；② 尽管采用两种不同的金属，若热电偶两结点温度相等，回路总电势为零；③ 热电偶 A、B 的热电势只与结点温度有关，与材料 A、B 的中间各处温度无关。

4. 热电偶的结构形式

普通型结构热电偶在工业上使用最多，其组成如图 3-7 所示。它的安装连接形式有固定螺纹连接、固定法兰连接、活动法兰连接、无固定装置等。

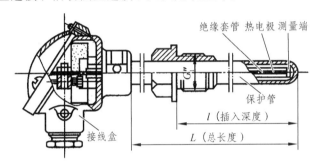

图 3-37　普通型热电偶结构

铠装型热电偶（套管热电偶）结构如图 3-38 所示，其优点是测温端热容量小、动态响应快、机械强度高、挠性好，可装在结构复杂的装置上。

如图 3-39 所示，薄膜热电偶是由两种薄膜热电极材料用真空蒸镀、化学涂层等办法蒸镀到绝缘基板上而制成，其热接点可以很小，且热容量小、反应速度快、热响应时间达到微秒级，适于微小面积的表面温度及快速变化的动态温度的测量。

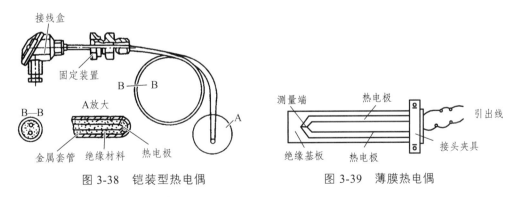

图 3-38　铠装型热电偶　　　　图 3-39　薄膜热电偶

5. 热电偶的补偿导线及冷端温度的补偿方法

当热电偶材料选定、冷端温度恒定时，热电偶的热电势和热端温度是单值函数。热电偶的分度表是以冷端温度为 0 ℃作为基准进行分度的，但实际使用中，冷端温度往往不为 0 ℃，也不稳定，因此，必须对冷端进行处理，常采用以下方法。

1）冷端 0 ℃ 恒温法

冷端恒温法就是将热电偶的冷端置于某一温度恒定不变的装置中。热电偶的分度表（见表 3-1）是以 0 ℃ 为标准的。所以在实验室及精密测量中，通常把冷端放入 0 ℃ 恒温器或装满冰水混合物的容器中，以便冷端温度保持 0 ℃，这种方法又称为冰浴法。

表 3-1　镍铬-镍硅热电偶（K 型）分度表　　　　　（冷端温度为 0 ℃）

温度 /℃	0	10	20	30	40	50	60	70	80	90
	热　电　势/mV									
0	0.000	0.397	0.798	1.203	1.611	2.022	2.436	2.850	3.266	3.681
100	4.095	4.508	4.919	5.327	5.733	6.137	6.539	6.939	7.338	7.737
200	8.137	8.537	8.938	9.341	9.745	10.151	10.560	10.969	11.381	11.793
300	12.207	12.623	13.039	13.456	13.874	14.292	14.712	15.132	15.552	15.974
400	16.395	16.818	17.241	17.664	18.088	18.513	18.938	19.363	19.788	20.214
500	20.640	21.066	21.493	21.919	22.346	22.772	23.198	23.624	24.050	24.476
600	24.902	25.327	25.751	26.176	26.599	27.022	27.445	27.867	28.288	28.709
700	29.128	29.547	29.965	30.383	30.799	31.214	31.624	32.042	32.455	32.866
800	33.277	33.686	34.095	34.502	34.909	35.314	35.718	36.121	36.524	36.925
900	37.325	37.724	38.122	38.915	38.915	39.310	39.703	40.096	40.488	40.879
1000	41.269	41.657	42.045	42.432	42.817	43.202	43.585	43.968	44.349	44.729
1100	45.108	45.486	45.863	46.238	46.612	46.985	47.356	47.726	48.095	48.462
1200	48.828	49.192	49.555	49.916	50.276	50.633	50.990	51.344	51.697	52.049
1300	52.398	52.747	53.093	53.439	53.782	54.125	54.466	54.807	—	—

2）补偿导线法

在实际测温时，需要把热电偶输出的热电势信号传输到远离现场数十米远的控制室里的显示仪表或控制仪表，这样冷端温度 T_0 比较稳定。热电偶一般做得较短，通常为 350 ~ 2 000 mm，需要用导线将热电偶的冷端延伸出来。工程中采用一种补偿导线，它通常由两种不同性质的廉价金属导线制成，而且在 0 ~ 100 ℃ 温度范围内要求补偿导线和所配热电偶具有相同的热电特性，两个连接点温度必须相等，正负极性不能接反。

3）补偿电桥法（冷端温度自动补偿法）

补偿电桥法是利用不平衡电桥产生的不平衡电压 U_{ab} 来补偿热电偶因冷端温度不为 0 ℃ 或发生变化而引起热电势的变化值。

如图 3-40 所示的补偿电桥由三个锰铜丝绕制的电阻 R_1、R_2、R_3 及铜丝绕制的电阻 R_{Cu} 和稳压电源组成。补偿电桥与热电偶冷端处在同一环境温度，当冷端温度变化引起的热电势 $E_{AB}(t, t_0)$ 变化时，由于 R_{Cu} 的阻值随冷端温度变化而变化，适当选择桥臂电阻和桥路电流，就可以使电桥产生的不平衡电压 U_{ab} 补偿由于冷端温度 t_0 变化引起的热电势变化量，从而达到自动补偿的目的。

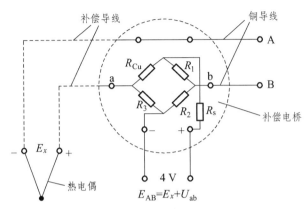

图 3-40 补偿电桥的工作原理图

4）冷端温度修正法

采用补偿导线可使热电偶的冷端延伸到温度比较稳定的地方，但只要冷端温度 T_0 不等于 0 ℃，就需要对热电偶回路的测量电势值 $E_{AB}(T, T_0)$ 加以修正。当工作端温度为 T 时，分度表所对应的热电势 $E_{AB}(T, 0)$ 与热电偶实际产生的热电势 $E_{AB}(T, T_0)$ 之间的关系可根据中间温度定律得到：

$$E_{AB}(T, 0) = E_{AB}(T, T_0) + E_{AB}(T_0, 0) \tag{3-30}$$

由此可见，测量电势值 $E_{AB}(T, T_0)$ 的修正值为 $E_{AB}(T_0, 0)$。$E_{AB}(T_0, 0)$ 是参考端温度 T_0 的函数，经修正后的热电势为 $E_{AB}(T, 0)$，可由分度表中查出被测实际温度值 T。

6. 热电偶测温线路

测量两点之间温差的测温线路如图 3-41 所示，有

$$E_T = E_{AB}(T_1) - E_{AB}(T_2) \tag{3-31}$$

测量平均温度的方法通常用几只相同型号的热电偶并联在一起，如图 3-42 所示，其回路的平均温度为

$$E_T = \frac{1}{3}(E_1 + E_2 + E_3) \tag{3-32}$$

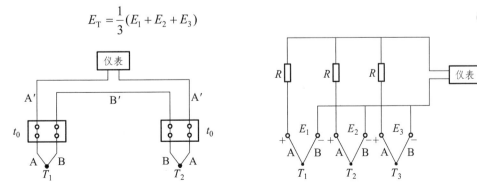

图 3-41　测量两点之间温差的测温线路　　　图 3-42　测量平均温度的测温线路

测量几点温度之和的测温线路如图 3-43 所示，其输出热电动势为

$$E_T = E_1 + E_2 + E_3 \tag{3-33}$$

若干只热电偶共用一台仪表的测量线路如图 3-44 所示，各只热电偶的型号相同，测量范围均在显示仪表的量程内。

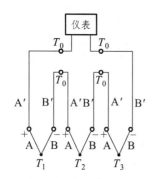

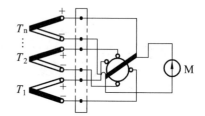

图 3-43　测量几个点温度之和的测温线路　　图 3-44　若干只热电偶共用一台仪表的测量线路

在现场，如大量测量点不需要连续测量，而只需要定时检测时，就可以把若干只热电偶通过手动或自动切换开关接至一台测量仪表上，轮流或按要求显示各测量点的被测数值。切换开关的触点有十几对到数百对，这样可以大量节省显示仪表数目，也可以减小仪表箱的尺寸，达到多点温度自动检测的目的。常用的切换开关有密封微型精密继电器和电子模拟式开关两类。

三、集成温度传感器

集成温度传感器是利用晶体管 PN 结的电流和电压特性与温度的关系，把感温元件（PN 结）与有关的电子线路集成在很小的硅片上封装而成。晶体管的 b-e 结正向压降的不饱和值 V_{re} 与热力学温度 T 和通过发射极电流 I 关系为 $V_{re} = (KT/q) \ln I$。式中，K 是波尔兹曼常数，q 是电子电荷绝对值。

集成温度传感器具有体积小、线性好、反应灵敏、价格低、抗干扰能力强等优点，所以应用十分广泛。由于 PN 结不能耐高温，所以集成温度传感器通常测量 150 ℃ 以下的温度。常用集成温度传感器按输出量不同可分为电流型、电压型和频率型三大类。

1. 电压输出型集成温度传感器

电压输出型集成温度传感器是将温度传感器基准电压、缓冲放大器集成在同一芯片上，制成一四端器件。器件有放大器，因此输出电压高、线性输出为 10 mV/ ℃。另外，由于其具有输出阻抗低的特性，抗干扰能力弱，不适合长线传输。这类电压输出型集成温度传感器特别适合于工业现场测量。

AN6701S 是日本松下公司生产的电压输出型集成温度传感器，它有四个引脚，三种连线

方式，如图 3-45 所示：图（a）为正电源供电，图（b）为负电源供电，图（c）为输出极性颠倒。电阻 R_C 用来调整 25 ℃ 下的输出电压，使其等于 5 V，R_C 的阻值为 3 ~ 30 kΩ。这时灵敏度可达 109 ~ 110 mV/ ℃，在 – 10 ~ 80 ℃ 范围内基本误差不超过 ± 1 ℃。

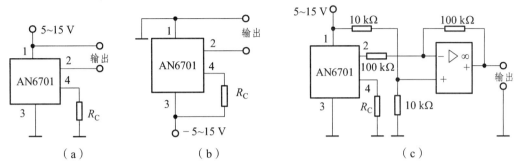

图 3-45　AN6701 三种连线方式

2. 电流输出型集成温度传感器

电流输出型集成温度传感器是把线性集成电路和与之相容的薄膜工艺元件集成在一块芯片上，再通过激光修版微加工技术，制造出性能优良的测温传感器。这种传感器的输出电流正比于热力学温度，即 1 μA/K。其次，因电流型输出恒流，所以传感器具有高输出阻抗，其值可达 10 MΩ。

AD590 是美国模拟器件公司生产的单片机集成两端温度传感器，如图 3-46 所示。它是一种二端元件，属于一种高阻电流源，其典型的电流温度灵敏度是 1 μA/K，温度为 0 ℃ 时，AD590 输出的恒流值为 273.15 μA，当温度升高或降低 1 ℃ 时，AD590 的输出电流就增大或减小 1 μA。当温度为 25 ℃ 时，其输出电流为 273.15 μA +25 = 298.15 μA。AD590 测量温度范围是 – 55 ~ +150 ℃；工作电压范围 4 ~ 30 V；在整个测温范围内的非线性误差小于 ± 0.3 ℃。

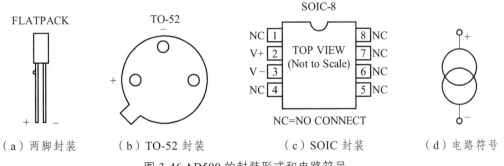

图 3-46 AD590 的封装形式和电路符号

3. 频率输出式集成温度传感器

频率输出式集成温度传感器的特点是输出方波的频率与热力学温度成正比，频率温度系数 K_f 的单位是 Hz/K，典型产品是 MAX6677，以热力学温度定标。

第四节　光电式传感器

伴随着光纤光缆的广泛应用，21世纪迈向了信息化社会的崭新阶段。近年来，随着各种新型光电器件的不断涌现，特别是激光技术和图像技术的迅猛发展，光电式传感器已成为各种光电检测系统中实现光电转换的关键元件，在传感器领域扮演着重要角色，在非接触测量领域占据绝对统治地位。在我国的高铁技术中，车辆转向架上的车速传感器（见图3-47）、红外轴温探测传感器、受电弓离线状态检测以及车厢中烟雾传感器（见图3-48）等均有光电式传感器的应用。

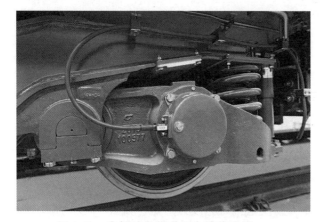

图3-47　车辆转向架上的车速传感器

图3-48　车厢中的烟雾传感器

光电式传感器是以光电效应为基础，将光信号（光量的变化）转换为电信号（电量的变化）的一种传感器。对于完整的光电检测系统来说，一般由光源、光学通路和光电器件三部分组成。光源主要有热辐射光源、气体放电光源、电致发光器件和激光器等；光学通路主要是光纤；光电器件主要有外光电器件、内光电器件和光生伏特器件等。光电式传感器具有结构简单、性能可靠、精度高、反应快、非接触等优点，因此在现代测量和控制系统中应用非常广泛，是一种很有发展前途的新型传感器。

一、光电效应

1905年，爱因斯坦提出光量子学说。他认为光是以光速运动的粒子流，这些粒子称为光子。光子具有一定的频率和能量，频率为 f 的光子具有的能量 $E = hf$，其中 $h = 6.625 \times 10^{-34}$ J·s，是比例常数，称为普朗克常数。不同频率的光子具有不同的能量，光波所具有的能量是光子能量的总和。光波中的光子数目越多，光的强度就越强。当光子与物质相互作用时，光子能量作为一个整体被吸收或发射。光子概念的提出，使人们对光有了进一步的认识：光不仅具有波动性，而且还具有粒子性，而波动性和粒子性是不可分割的统一体，因此说光具有波动、粒子两重性。

1. 原子能级

大家知道，物质由分子组成，分子由原子组成，而原子是由原子核和围绕原子核旋转的电子构成。围绕原子核旋转的电子能量是不连续的，只能取特定的离散值，这种现象称为电子能量的量子化，这些离散的能量值称为原子的能级。

最低的能级 E_1 称为基态，能量比基态大的所有其他能级 E_i（$i = 1$，2，3，4，…）都称为激发态。当电子从较高能级 E_2 跃迁至较低能级 E_1 时，释放能量；当电子从较低能级 E_1 跃迁至较高能级 E_2 时，吸收能量，吸收或释放的能量等于相应两能级之间的能量差。

2. 光与物质的相互作用

光可以被物质吸收，也可以从物质中发射。爱因斯坦指出光与物质相互作用时，将发生受激吸收、自发辐射、受激辐射三种物理过程。图 3-49 所示为光与物质作用的三种基本过程。

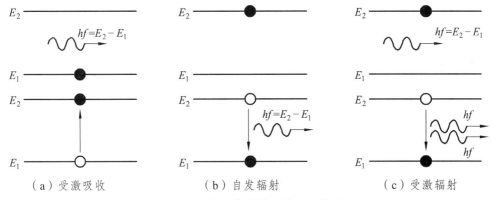

图 3-49　光与物质的三种相互作用

1）受激吸收

在能量为 $E = E_2 - E_1$、频率为 $f = (E_2 - E_1)/h$ 的外来光子的激发下，电子吸收外来光子的能量而从低能级 E_1 跃迁到高能级 E_2 上的过程，称为受激吸收，如图 3-49（a）所示。

2）自发辐射

处于高能级上的电子状态是不稳定的，在没有外界作用的情况下，它将自发地从高能级 E_2 跃迁到低能级 E_1 上，并辐射出一个能量为 $E = E_2 - E_1$、频率为 $f = (E_2 - E_1)/h$ 的光子，这个过程称为自发辐射，如图 3-49（b）所示。

3）受激辐射

高能级上的电子在能量为 $E = E_2 - E_1$、频率为 $f = (E_2 - E_1)/h$ 的外来光子的激发下，从高能级 E_2 跃迁到低能级 E_1，同时辐射出一个和外来光子完全相同的光子的过程称为受激辐射，如图 3-49 所示。

3. 光电效应

光电效应是指，当光照射物体时，物体受到一连串具有能量的光子的轰击，物体中的电子吸收入射光子的能量,而发生相应的效应。光电效应按原理一般分为三种类型。

(1)外光电效应:在光线作用下使物体内的电子逸出物体表面的现象,如光电管和光电倍增管等。

(2)内光电效应:在光线作用下使物体电阻率改变的现象,如光敏电阻、光敏二极管、光敏三极管等。

(3)光生伏特效应:在光线作用下使物体产生一定方向电动势的现象,如光电池。

二、外光电效应的光电器件

1. 光电管

如图 3-50(a)所示,光电管由一个涂有光电材料的阴极 K 和一个阳极 A 封装在真空玻璃壳内组成,阴极装在光电管玻璃泡内壁或特殊的薄片上,光线通过玻璃泡的透明部分投射到阴极。要求阴极镀有光电发射材料,并有足够的面积来接收光的照射。阳极要既能有效地收集阴极所发射的电子,又不妨碍光线照到阴极上,因此,是用一细长的金属丝弯成圆形或矩形制成,放在玻璃管的中心。

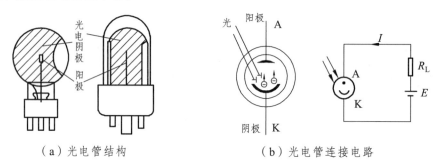

（a）光电管结构　　　　　　　　（b）光电管连接电路

图 3-50　光电管结构示意图和连接电路

A—阳极;K—阴极

光电管的测量电路如图 3-50(b)所示,光电管的阴极 K 和电源的负极相连,阳极 A 通过负载电阻 R 接电源正极。当入射光照射在阴极上时,阴极就会发射电子,由于阳极的电位比阴极高,阳极便会收集由阴极发射出来的电子,形成光电流 I。串联的电阻上的电压降或电路中的电流大小都与光强成函数关系,从而实现光电转换。

2. 光电倍增管

当入射光很微弱时,普通光电管产生的光电流很小,只有零点几微安,很不容易探测。为了提高光电管的灵敏度,这时常用光电倍增管对电流进行放大。

如图 3-51 所示,光电倍增管由光阴极、次阴极(倍增电极)及阳极三部分组成。光阴极是由半导体光电材料锑铯做成,次阴极是在镍或铜-铍的衬底上涂上锑铯材料而形成的,次阴极可多达 30 级,通常为 12~14 级。阳极是最后用来收集电子的,它输出的是电压脉冲。光电倍增管是利用二次电子释放效应,将光电流在管内部进行放大。所谓的二次电子是指电子或光子以足够大的速度轰击金属表面，使金属内部的电子再次逸出金属表面，这种再次逸出金属表面的电子叫作二次电子。

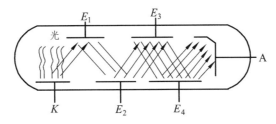

图 3-51 光电倍增管的结构

如图 3-52 所示，光电倍增管的光电转换过程为：当入射光的光子打在光电阴极上时，光电阴极发射出电子，该电子流又打在电位较高的第一倍增极 E_1 上，于是又产生新的二次电子；第一倍增极 E_1 产生的二次电子又打在比第一倍增极电位高的第二倍增极 E_2 上，该倍增极同样也会产生二次电子发射，如此连续进行下去，直到最后一级的倍增极产生的二次电子被更高电位的阳极收集为止，从而在整个回路里形成光电流 I_A。

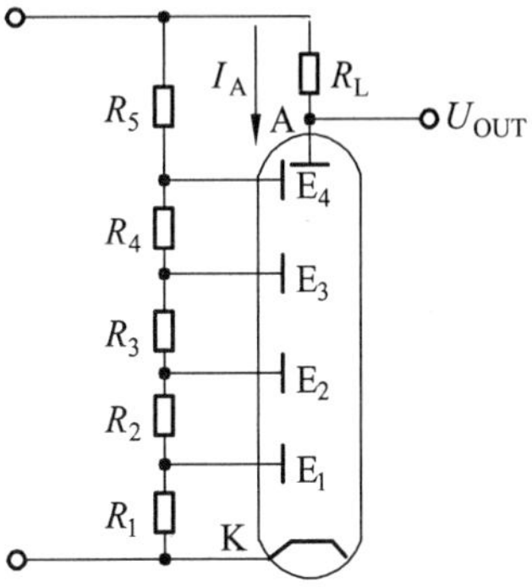

三、内光电效应的光电器件

图 3-52 光电倍增管的电路

前面曾经指出，原子中存在着一个个离散的能级，电子只能存在于这些离散的能级之上。而半导体材料是一种单晶体。在晶体中，大量的原子有秩序、周期性地排列在一起，相邻的原子靠得非常紧密，不同的原子能级互相重叠变成了能带的形式，如图 3-53 所示。

对于半导体，其内部自由运动的电子（简称自由电子）所填充的能带称为导带。价电子所填充的能带称为价带。导带和价带之间不允许电子填充，所以称为禁带，其宽度称为禁带宽度，用 E_g 表示，单位为电子伏特（eV），如图 3-54 所示。

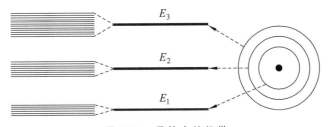

图 3-53 晶体中的能带

在半导体中，导带与价带之间的电子跃迁也分为受激吸收、受激辐射和自发辐射三种。若价带上的电子得到能量就会跃迁到导带，同时在价带上留下一个空穴；反之，导带上的电子也可以自发地或受激跃迁到价带，与价带上的空穴复合。复合时，辐射出一个能量为 E_g、频率为 $f = E_g / h$ 的光子，如图 3-54 所示。

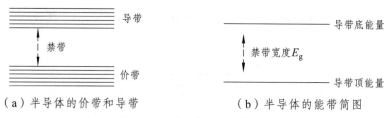

（a）半导体的价带和导带　　　　　　　（b）半导体的能带简图

图 3-54　半导体的能带结构

1. 光敏电阻

如图 3-55 所示，光敏电阻又称为光导管。光敏电阻几乎都是用半导体材料制成，其结构较简单。在玻璃底板上均匀地涂上薄薄的一层半导体物质，半导体的两端装上金属电极，使电极与半导体层可靠地电接触，然后，将它们压入塑料封装体内。为了防止周围介质的污染，在半导体光敏层上覆盖一层漆膜，漆膜成分的选择应该使它在光敏层最敏感的波长范围内透射率最大。

光敏电阻的工作原理是基于内光电效应。当无光照时，光敏电阻具有很高的阻值。当有一定波长范围的光照射时，光子的能量大于材料的禁带宽度，禁带中的电子吸收光子能量后跃迁到导带，激发出可以导电的电子-空穴对，使电阻降低。光线越强，激发出的电子-空穴对越多，电阻值越低。光照停止后，自由电子与空穴复合，导电性能下降，电阻恢复原值。

光敏电阻接线电路如图 3-56 所示，如果把光敏电阻连接到外电路中，在外加电压的作用下，用光照射就能改变电路中电流的大小。光敏电阻在受到光的照射时，由于内光电效应使其导电性能增强，电阻 R_g 值下降，所以流过负载电阻 R_L 的电流及其两端的电压也随之变化。

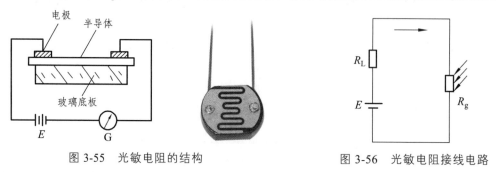

图 3-55　光敏电阻的结构　　　　　　　图 3-56　光敏电阻接线电路

2. 光敏晶体管

光敏二极管、光敏三极管、光敏晶闸管等统称为光敏晶体管，它们的工作原理是基于内光电效应。如图 3-57 所示，光敏二极管的结构与一般二极管相似，装在透明的玻璃外壳中，其 PN 结装在管的顶部，可以直接受到光的照射。

光敏二极管在电路中一般处于反向工作状态。如图 3-58 所示，当没有光照射时，反向电阻很大，反向电流很小，这个反向电流称为暗电流。当光线照射在 PN 结上，光子打在 PN 结附近，使 PN 结附近产生光生电子和光生空穴对，它们在 PN 结处的内电场作用下做定向移动，形成光电流。光的照度越大，光电流越大。光敏二极管在不受光照射时处于截止状态，受光照射时处于导通状态。

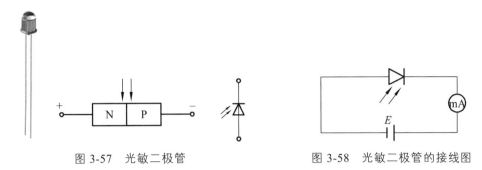

图 3-57　光敏二极管　　　　　　　　图 3-58　光敏二极管的接线图

　　光敏晶体管（光敏三极管）与一般晶体管相似，具有两个 PN 结，如图 3-59（a）所示，但是其发射极做得很大，用来扩大光照面积。

　　光敏晶体管的接线如图 3-59（b）所示，大多数光敏晶体管的基极无引出线，当集电极加上相对于发射极为正的电压而不接基极时，集电极就是反向偏压，当光照射在集电结时就会在结附近产生电子-空穴对，光生电子被拉到集电极，基区留下空穴，使基极与发射极间的电压升高，这样便会有大量的电子流向集电极，形成输出电流，其集电极电流为光电流的 β 倍，所以光敏晶体管具有放大作用。

　　光敏晶体管的光电灵敏度虽然比光敏二极管高得多，但在需要高增益或大电流输出的场合，需采用达林顿光敏管。图 3-60 是达林顿光敏管的等效电路，它是一个光敏晶体管与一个晶体管以共集电极方式连接的集成器件。由于增大了一级电流放大，所以输出电流能力大大增强，甚至不必经过进一步放大，便可直接驱动灵敏继电器。但无光照时的暗电流也会增加，因此适合于开关状态的光电转换。

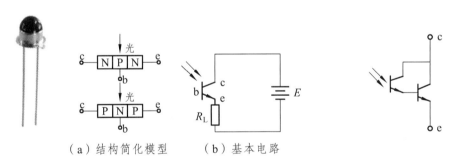

（a）结构简化模型　　（b）基本电路

图 3-59　光敏晶体管结构简图与基本电路　　　图 3-60　达林顿光敏管的等效电路

四、光生伏特器件

　　如图 3-61 所示，光电池是一种直接将光能转换成电能的光电器件。光电池在有光线作用时实质上就是电源，电路中有了这个器件就不需外加电源了。

　　光电池的工作原理是基于光生伏特效应。它实质上是一个大面积的 PN 结，当光照射在 PN 结的一个面，例如 P 型面时，若光子能量大于半导体的禁带宽度，那么 P 型区每吸收一个光子就会产生一对自由电子和空穴，电子-空穴对从表面向内迅速扩散，在结电场的作用下，最后建立一个与光照强度有关的电动势。

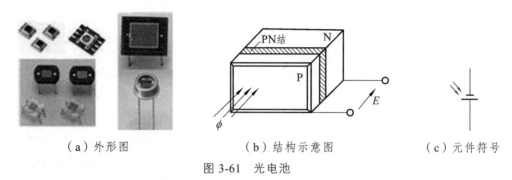

（a）外形图　　　　　　　（b）结构示意图　　　　　　（c）元件符号

图 3-61　光电池

光电池的种类很多，有硒光电池、氧化亚铜光电池、锗光电池、硅光电池、砷化镓光电池等，其中硅光电池由于性能稳定、光谱范围宽、频率特性好、转换效率高及耐高温辐射，最受人们的重视。

五、光电器件的特性

光电传感器的光照特性、光谱特性，以及峰值探测率、响应时间等几个主要参数都取决于光电器件的性能。为了合理选用光电器件，有必要对其主要特性进行简要介绍。

1. 光照特性

光电器件的灵敏度可用光照特性来表征，它反映了光电器件输入光量与输出光电流（光电压）之间的关系。

光敏电阻的光照特性呈非线性，且大多数如图 3-62（a）所示。因此不宜作线性检测元件，但可在自动控制系统中用作开关元件。

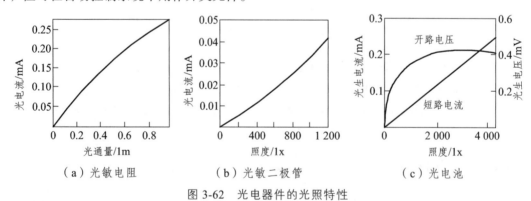

（a）光敏电阻　　　　　　（b）光敏二极管　　　　　　（c）光电池

图 3-62　光电器件的光照特性

光敏晶体管的光照特性如图 3-62（b）所示。它的灵敏度和线性度均较好，因此，在军事、工业自动控制和民用电器中应用极广，既可作线性转换元件，也可作开关元件。

光电池的光照特性如图 3-62（c）所示，短路电流在很大范围内与光照度呈线性关系。开路电压与光照度的关系呈非线性，在照度 2 000 lx 以上即趋于饱和，但其灵敏度高，宜用作开关元件。光电池作为线性检测元件使用时，应工作在短路电流输出状态。由实验知，负载电阻越小，光电流与照度之间的线性关系越好，且线性范围越宽。对于不同的负载电阻，可以在不同的照度范围内使光电流与光照度保持线性关系。故用光电池作线性检测元件时，所用负载电阻的大小应根据光照的具体情况而定。

光照特性常用响应率 R 来描述。对于光生电流器件，输出电流 I_P 与光输入功率 P_i 之比，称为电流响应率 R_I，即

$$R_I = I_P / P_i \qquad\qquad (3-34)$$

对于光生伏特器件，输出电压与光输入功率 P_i 之比，称为电压响应率 R_V，即

$$R_V = V_P / P_i \qquad\qquad (3-35)$$

2. 光谱特性

光电器件的光谱特性是指相对灵敏度 K 与入射光波长 λ 之间的关系，又称光谱响应。光敏晶体管的光谱特性如图 3-63（a）所示。由图可知，硅的长波限为 1.1 μm，锗为 1.8 μm，其大小取决于它们的禁带宽度。短波限一般在 0.4 ~ 0.5 μm 附近，这是由于波长过短，材料对光波的吸收剧增，使光子在半导体表面附近激发的光生电子-空穴对不能到达 PN 结，因而使相对灵敏度下降。硅器件灵敏度的极大值出现在波长 0.8 ~ 0.9 μm 处，而锗器件则出现在波长 1.4 ~ 1.5 μm 处，都处于近红外光波段。采用较浅的 PN 结和较大的表面，可使灵敏度极大值出现的波长和短波限减小，以适当改善短波响应。

光敏电阻和光电池的光谱特性如图 3-63（b）和（c）所示。

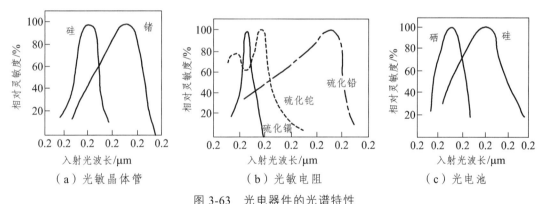

图 3-63 光电器件的光谱特性

由光谱特性可知，为了提高光电传感器的灵敏度，对于包含光源与光电器件的传感器，应根据光电器件的光谱特性合理选择相匹配的光源和光电器件。对于被测物体本身可作光源的传感器，则应按被测物体辐射的光波波长选择光电器件。

3. 响应时间与频率特性

光电器件的响应时间反映它的动态特性，响应时间小，表示动态特性好。对于采用调制光的光电传感器，调制频率上限受响应时间的限制。

光敏电阻的响应时间一般为 $10^{-1} \sim 10^{-3}$ s，光敏晶体管约为 2×10^{-5} s，光敏二极管的响应速度比光敏三极管高一个数量级，硅管比锗管高一个数量级。

图 3-64 为光敏电阻、光电池及硅光敏三极管的频率特性。

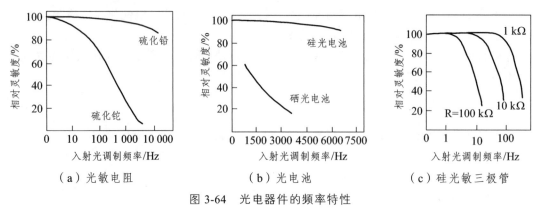

（a）光敏电阻　　　　　（b）光电池　　　　　（c）硅光敏三极管

图 3-64　光电器件的频率特性

六、光电式传感器的应用

光电式传感器由光源、光学元件和光电元件组成。在设计应用中，要特别注意光电元件与光源的光谱特性匹配。

1. 模拟式光电传感器

模拟式光电传感器将被测量转换成连续变化的电信号，与被测量间呈单值对应关系。主要有四种基本形式，如图 3-65 所示。

（1）吸收式：被测物体置于光路中，恒光源发出的光穿过被测物，部分被吸收后透射光投射到光电元件上，如图 3-65（a）所示。透射光强度决定被测物对光的吸收大小，而吸收的光通量与被测物透明度有关，如用来测量液体、气体的透明度、浑浊度的光电比色计。

（2）反射式：恒光源发出的光投射到被测物上，再从被测物体表面反射后投射到光电元件上，如图 3-65（b）所示。反射光通量取决于反射表面的性质、状态及其与光源间的距离。利用此原理可制成测试表面光洁度、粗糙度和位移的测试仪等。

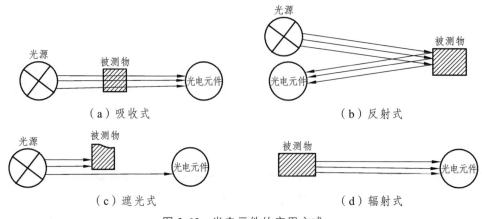

（a）吸收式　　　　　　　　　　　　　　（b）反射式

（c）遮光式　　　　　　　　　　　　　　（d）辐射式

图 3-65　光电元件的应用方式

（3）遮光式：光源发出的光经被测物遮去其中一部分，使投射到光电元件上的光通量改变，其变化程度与被测物在光路中的位置有关，如图 3-65（c）所示。这种形式可用于测量物体的尺寸、位置、振动、位移等。

（4）辐射式：被测物本身就是光辐射源，所发射的光通量射向光电元件，如图 3-65（d）所示，也可经过一定光路后作用到光电元件上。这种形式可用于光电比色高温计中。

2. 脉冲式光电传感器

脉冲式光电传感器的光电元件的输出仅有两种稳定状态，即"通"和"断"的开关状态，称为光电元件的开关应用状态。这种形式的光电传感器主要用于光电式转速表、光电计数器、光电继电器等。

3. 光电耦合器件

光电耦合器件是将发光元件（如发光二极管）和光电接收元件合并使用，以光作为媒介传递信号的光电器件。其发光元件通常是半导体的发光二极管，光电接收元件有光敏电阻、光敏二极管、光敏三极管或光可控硅等。根据其结构和用途不同，又可分为用于实现电隔离的光电耦合器和用于检测有无物体的光电开关。

1）光电耦合器

如图 3-66 所示，光电耦合器实际上是一个电量隔离转换器，它具有抗干扰性能和单向信号传输功能，广泛应用在电路隔离、电平转换、噪声抑制、无触点开关及固态继电器等场合。

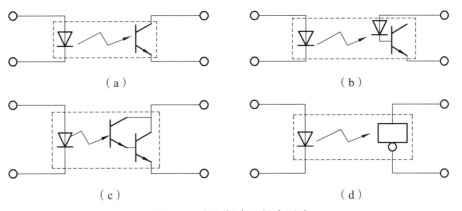

（a）　　　　　　　　　　　　（b）

（c）　　　　　　　　　　　　（d）

图 3-66　光电耦合器组合形式

2）光电开关

如图 3-67 所示，光电开关是一种利用感光元件对变化的入射光加以接收、进行光电转换，同时加以某种形式的放大和控制，从而获得最终的"开""关"控制输出信号的器件。光电开关的特点是小型、高速、非接触，而且容易与 TTL、MOS 等电路结合。

用光电开关检测物体时，大部分只要求其输出信号有"高、低"之分即可。光电开关广泛应用于工业控制、自动化包装线及安全装置中作光控制和光探测装置。可在自控系统中用于物体检测、产品计数、料位检测、尺寸控制、安全报警及计算机输入接口等用途。

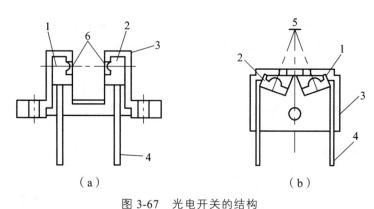

图 3-67　光电开关的结构

1—发光元件；2—接收元件；3—壳体；4—导线；5—反射物；6—窗体

3）光电断续器

如图 3-68 所示，光电断续器的工作原理与光电开关的相同，但其光电发射器、接收器放置于一个体积很小的塑料壳体中，所以两者能可靠地对准。分为遮断型和反射型两种。

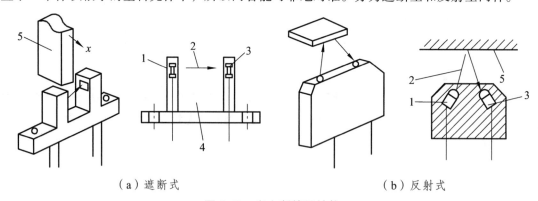

（a）遮断式　　　　　　　　　（b）反射式

图 3-68　光电断续器结构

1—发光二极管；2—红外光；3—光电元件；4—槽；5—被测物

如图 3-69 所示，齿盘每转过一个齿，光电断续器就输出一个脉冲。通过脉冲频率的测量或脉冲计数，即可获得齿盘转速和角位移。

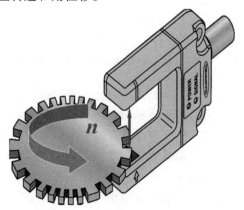

图 3-68　光电断续器测量转速示意图

第五节　光纤传感器

　　光纤的科学研究具有悠久的历史,最早可以追溯到瑞士物理学家克拉顿在 1841 年所展示的精彩的光喷泉——他让光线从水槽中沿着弧状的水柱传播。1966 年, 英籍华裔学者高锟指出了利用光纤进行信息传输的可能性和技术途径, 奠定了现代光通信的基础。没有高锟先生的研究成就也许就不会有我们今天人人都在使用的互联网,高锟因此获得 2009 年诺贝尔物理学奖。光纤是 20 世纪 70 年代的重要发明之一, 它与激光器、半导体探测器一起构成了新的光学技术, 创造了光电子学的新天地。光纤传感器始于 1977 年, 把待测量与光纤内的导光联系起来就形成光纤传感器, 如图 3-70 所示。

　　与传统的以电为基础的传感器相比,光纤传感器用光而不是用电来作为敏感信息的载体;用光纤而不是用导线来作为传递敏感信息的媒介。光纤传感器具有:① 电绝缘性,特别适用于高压供电系统及大容量电机的测试;② 抗电磁干扰性,特别适用于高压大电流、强磁场噪声、强辐射等恶劣环境;③ 高灵敏度;④ 容易实现对被测信号的远距离监控等特点。

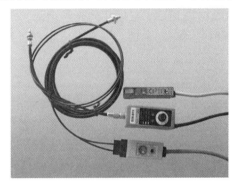

图 3-70　光纤传感器

　　光纤传感技术用于铁路诸多设施和装备的监测中,包括车辆状态、车辆结构、轨道状态、轨道基础结构、线路中的桥梁隧道等基础设备的监测。例如, 由于光纤传感器具有良好的抗电磁干扰性能和绝缘性能, 十分适合于列车温度、速度的测量;由于光纤光栅传感器具有灵敏度高、体积小、能够串联组网的优点, 可以用于列车健康监测和桥梁、隧道的健康监测;由于分布式光纤传感器成本较低、可长距离连续测量,解决了铁路沿线的泥石流监测和铁路电力传输网的结冰监测问题。

一、光纤导光的基本原理

1. 光纤的结构

　　光导纤维简称为光纤,目前基本上还是采用石英玻璃, 其结构如图 3-71 所示。中心的圆柱体叫作纤芯, 围绕着纤芯的圆形外层叫作包层。纤芯和包层主要由不同掺杂的石英玻璃制成。

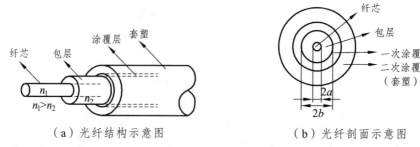

（a）光纤结构示意图　　　　（b）光纤剖面示意图

图 3-71　光纤的结构

一般纤芯直径为 2~12 μm，只能传输一种模式称为单模光纤。这类光纤传输性能好，信号畸变小，信息容量大，线性好，灵敏度高，但由于纤芯尺寸小，制造、连接和耦合都比较困难。纤芯直径较大（50~100 μm），传输模式较多的称为多模光纤，这类光纤的性能较差，输出波形有较大的差异，但由于纤芯截面积大，故容易制造，连接和耦合比较方便。

2. 光的全反射现象

如图 3-72 所示，根据几何光学理论，当光由光密物质（折射率 n_1 大）射至光疏物质（折射率 n_2 小），即 $n_1>n_2$ 时，一部分入射光折射入光疏物质，其余部分反射回光密物质。

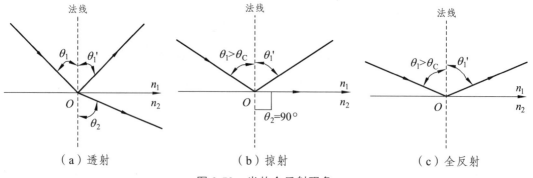

（a）透射　　　　　　（b）掠射　　　　　　（c）全反射

图 3-72　光的全反射现象

根据斯乃尔定理：

$$\frac{\sin\theta_1}{\sin\theta_2}=\frac{n_2}{n_1} \qquad （因为 n_1>n_2，所以 \theta_2>\theta_1） \qquad （3-36）$$

可见，入射角增大时，折射角也随之增大，且始终 $\theta_2>\theta_1$；当 $\theta_2=90°$ 时，出射光线沿界面传播，称为临界状态。临界角为

$$\sin\theta_c=\frac{n_2}{n_1}\Rightarrow\theta_c=\sin^{-1}\frac{n_2}{n_1} \qquad （3-37）$$

当 $\theta_1>\theta_c$ 时，发生全反射现象，出射光不再折射而全部反射回来。

3. 光纤的导光原理

光纤导光就是利用光传输的全反射原理，如图 3-73 所示。光线在纤芯和包层的界面上不断地产生全反射而向前传播，光在光纤内经过无数次的全反射，就从光纤的一端以光速传播到另一端，这就是光纤导光的基本原理。

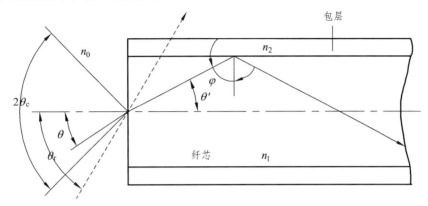

图 3-73 光纤导光示意图

光纤集光本领的术语叫数值孔径 NA：

$$\sin \theta_c = \sqrt{n_1^2 - n_2^2} = NA \qquad （3-38）$$

数值孔径反映纤芯接收光量的多少，是标志光纤接收性能的一个重要参数。

二、光纤传感器的类型

光纤传感器是一种把被测量的状态转变为可测的光信号的装置。它由光源、敏感元件（光纤或非光纤的）、光探测器、信号处理系统及光纤等组成。由光源发出的光通过源光纤引到敏感元件，被测参数作用于敏感元件，在光的调制区内，光的某一性质受到被测量的调制，调制后的光信号经接收光纤耦合到光探测器，转换为电信号，最后经信号处理得到所需要的被测量。

根据光纤在传感器中的作用，光纤传感器主要分为功能型和传光型两大类。

1. 功能型光纤传感器

功能型光纤传感器是利用光纤本身的某种特性或功能制成的传感器，如图 3-74（a）所示。功能型光纤传感器利用对外界信息具有敏感能力和检测能力的光纤（或特殊光纤）作传感元件，将"传"和"感"合为一体的传感器。光纤不仅起传光作用，而且还利用光纤在外界因素（弯曲、相变）的作用下，其光学特性（光强、相位、偏振态等）的变化来实现"传"和"感"的功能。因此，传感器中光纤是连续的。由于光纤连续，增加其长度，可提高灵敏度。

2. 传光型光纤传感器

这种类型传感器的光纤仅仅起传输光波的作用，必须在光纤端面加装其他敏感元件，才能构成传感器，如图 3-74（b）所示。传光型光纤传感器中光纤仅起导光作用，只"传"不"感"，对外界信息的"感觉"功能依靠其他物理性质的功能元件完成，光纤不连续。此类光纤传感器无须特殊光纤及其他特殊技术，比较容易实现，成本低，但灵敏度也较低，被用于对灵敏度要求不太高的场合。

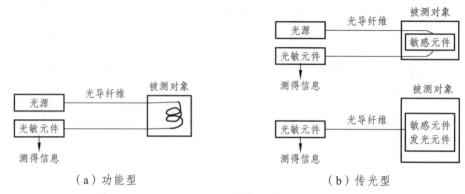

（a）功能型　　　　　　　　　　　（b）传光型

图 3-74　光纤传感器类型

三、光纤传感器的应用

1. 功能型光纤压力传感器

图 3-75 所示为一种功能型光纤压力传感器的原理图。其原理是利用光纤的微弯损耗效应检测压力或位移。光纤在微弯时引起纤芯中传输的光部分投入包层（全反射条件受到一定破坏），造成传输损耗，微弯程度不同，泄漏光波的强度也不同，从而达到光强度调制的目的。

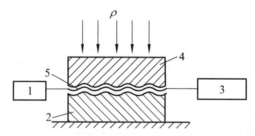

图 3-75　功能型光纤压力传感器原理图

1—He-Ne 激光光源；2—固定齿板；3—光电元件；4—活动齿板；5—单模光纤

2. 传光型光纤位移传感器

如图 3-76（a）所示，光纤位移传感器由发送光纤和接收光纤组成。光源发出的光通过发送光纤传送到光纤测头射出，通过反射面反射回来，由接收光纤传送到光探测器。光纤测头与反射面之间的位移与光探测器输出电压的关系如图 3-76（b）所示。由于位移不同，出射光线与反射光线的夹角不同，返回到接收光纤的光线强度也不相同。

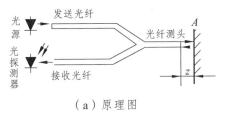

（a）原理图

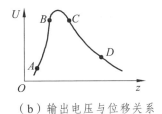

（b）输出电压与位移关系

图 3-76 光纤位移传感器

第六节 激光传感器

很多年前，我们记忆中坐火车时总是摆脱不了"咣当、咣当"的噪音。究其原因，是受制于当时的技术水平，为了预防热胀冷缩带来的铁轨变形，只能在铁轨之间留下缝隙，大大降低了火车运行的舒适性和安全性。当今的高铁列车时速可达 300 km 以上，铁轨已经不可以留有任何缝隙。如图 3-77 所示，利用无缝焊接技术可以让两段钢轨间几乎看不到焊接点，过渡自然，"咣当"声将成为历史。激光传感器在无缝焊接技术中起到了重要作用。例如，可以采用激光传感器扫描铁轨之间的缝隙轮廓，实现快速自动对中；焊接完成后，可以通过 2D 激光传感器对焊缝进行全面扫描，确保打磨后无凹陷和凸起影响焊缝质量。如图 3-78 所示，与激光传感器相关的应用还包括轨道的轮廓测量、车厢耦合测量、车辆倾斜度测量和连接线路位置探测等。

图 3-77 轨道的无缝焊接

图 3-78 轨道的轮廓测量

激光传感器是利用激光技术进行测量的传感器。它由激光器、激光检测器和测量电路组成。激光传感器是新型测量仪表，它的优点是能实现无接触远距离测量，速度快，精度高，量程大，抗光、电干扰能力强等。

一、激光器的工作原理

所谓激光器就是激光自激振荡器。它通常由以下三部分组成：产生激光的工作物质（激活物质）、能够使工作物质处于粒子数反转分布状态的激励源（泵浦源）、能够完成频率选择及反馈作用的光学谐振腔。其结构如图 3-79 所示。

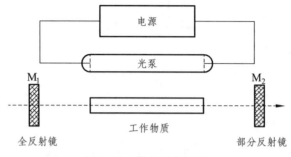

图 3-79 激光器的结构

1. 工作物质

能够产生激光的物质，也就是能够形成粒子数反转分布状态的物质，称为工作物质，它是产生激光的必要条件。在热平衡状态的物质中，低能级上的电子多，高能级上的电子少。那么在单位体积、单位时间内，物质的受激吸收总是强于受激辐射。因此，热平衡条件下的物质不可能对光进行放大。要使物质能对光进行放大，必须使其内部的受激辐射强于受激吸收，即使高能级上的电子数远多于低能级上的电子数，物质的这种一反常态的分布称为粒子数反转分布。

有多种方法可以实现能级之间的粒子数反转分布状态，这些方法包括光激励方法、电激励方法等。在半导体光源器件中，我们通常是利用外加适当的正向偏压来实现粒子数反转分布的。

2. 泵浦源

使工作物质产生粒子数反转分布的外界激励源，称为泵浦源。工作物质在泵浦源的作用下，使粒子从低能级跃迁到高能级，形成粒子数反转分布。在这种情况下，受激辐射大于受激吸收，从而具有光的放大作用。这时的工作物质已被激活，成为激活物质或增益物质。

3. 光学谐振腔

激活物质只能使光放大，只有把激活物质置于光学谐振腔中，提供必要的反馈及对光的频率和方向进行选择，才能获得连续的光放大和激光振荡输出。光学谐振腔的结构如图 3-80 所示，它由两块精确平行的反射镜 M1 和 M2 构成。对于两个反射镜，要求其中一个能全反射，另一个为部分反射。如 M1 为全反射，其反射系数 100%，M2 为部分反射，其反射系数为 95%左右。产生的激光由 M2 射出。

4. 激光器产生激光振荡过程

如图 3-80 所示，当工作物质在泵浦源的作用下，已实现粒子数反转分布时，由于高能级上的电子不稳定，很快自发地跃迁到低能级，同时辐射出一些频率为 $f = (E_2 - E_1) / h$ 的光子。

这些光子的辐射方向是任意的，其中凡是不沿谐振腔轴线方向传播的光子，几次折射之后就逸出谐振腔外消失了，只有那些沿轴线方向传播的光子能在谐振腔中存在。当某个沿轴线方向传播的光子遇到激发态的电子时，将使其产生受激辐射而射出一个全同光子，这样两个光子继续在腔内运动时，又激发出新的光子，这些光子在反射镜上来回反射，反复在激活物质中穿行，受激辐射雪崩般地加剧，这就有了光的反馈与放大。

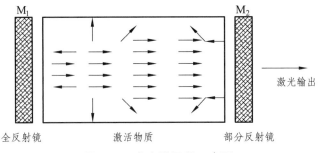

图 3-80　激光器原理示意图

在光放大的过程中，也存在着一些能量的损耗。如果光子在谐振腔中每往返一次，由放大得到的能量恰好抵消损耗的能量，达到平衡时激光器就能保持稳定的输出，于是在部分反射镜一侧将出现一个高功率的、平行的光子流，这就是激光。

由上述激光产生的过程可以了解到激光所具有的优良特性。激光是受激辐射发光，激光中所有光子的频率、相位和传播方向都相同，所以激光的单色性、相干性好；由于光学谐振腔的作用，只有沿谐振腔轴线方向传播的光才能被放大和输出，所以激光的方向性好、发散角小、光能量集中、功率密度大。

二、激光传感器的应用

1. 激光测距传感器

1960 年世界上第一台红宝石激光器问世不久，以精密测距为主要功能的激光测距技术便随之诞生了。经过了 50 多年的发展，其发展大致表现在两个方面：首先是应用各种新技术和设备提高测距精度和观测数据量；其次是提高测距系统的自动化程度，减小人力和物力的消耗。激光测距传感器因其抗干扰能力强，精度高的优势，自诞生以来，得到了极大的发展，在各行各业都发挥着巨大的作用。

激光测距的原理是通过向目标发射激光信号，根据激光信号往返于测点与目标之间所用的时间而求出距离的。

1）汽车防撞探测器

如图 3-81 所示，激光测距传感器用来监测汽车前后方向与其他汽车的距离，当汽车间距小于预定安全距离时，汽车防碰撞系统对汽车进行紧急刹车，或者对司机发出报警，这样可以大大减少行车事故，在高速公路上使用效果更加明显。

图 3-81　汽车防撞探测示意图

2）车流量监控与车轮廓描画

如图 3-82 所示，将激光测距传感器固定到高速或者重要路口的龙门架上，激光发射和接收垂直地面向下，对准一条车道的中间位置，当有车辆通行时，激光测距传感器能实时输出所测得的距离值的相对改变值，进而描绘出所测车的轮廓。这对于重要路段的监控有很好的效果，能够区分各种车型，对车身高度扫描的采样率可以达 10 cm 一个点（在速度为 40 km/h 时，采样率为 11 cm 一个点），对车流的限高、限长、车辆分型等都能进行实时分辨，并能快速输出结果。

图 3-82　车流量监控示意图

除了公路交通外，使用激光测距传感器，还可以测量火车到站台的距离和火车到站台的相对速度。使用激光测距传感器，检测船只与码头或与另外的船只的相对距离和速度，可以使船只根据激光测距传感器输出的数字信号，调整行进的速度和航线，保障航行安全。

2. 激光位移传感器

如图 3-83 所示，半导体激光器发出的激光被下侧镜片聚焦到被测物体上。反射光被上侧镜片收集，投射到 CCD 阵列上，信号处理器通过三角函数计算阵列上的光点位置得到被测物体具体的位移。

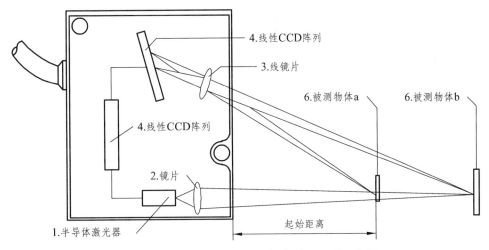

图 3-83 激光位移传感器三角法测量原理示意图

如图 3-84 所示，利用双光束短距离近红外激光测量车速。通过双光束测得激光传感器与车辆的距离：L_1 和 L_2，由于光束间的夹角大小固定，因此可算出宽度 W，由时间间隔 $T_2 - T_1$ 可得出车速。激光传感器发射的是近红外的光波，不能被雷达探测器、电子狗等探测，且不易受市区雷达杂波干扰，在智能交通中的应用越来越广泛。

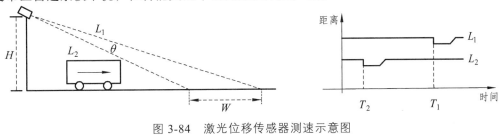

图 3-84 激光位移传感器测速示意图

思考与练习

1. 什么是霍尔效应？制作霍尔元件应采用什么材料？为什么？

2. 何谓霍尔元件的不等位电势？如何补偿？

3. 写出几种你认为可以用霍尔传感器来检测的物理量，并说明采用何种类型的霍尔器件。

4. 压电式传感器中采用电荷放大器与电压放大器有何异同点？

5. 压电元件在使用时常采用多片串接或并接的结构形式，试简述在不同接法下输出电压、电荷、电容的关系，它们分别适用于什么场合？

6. 结合本章内容，并查阅相关资料，总结金属热电阻传感器常用的材料有哪些。各有什么特点？

7. 热电偶的基本定律有哪些？分别是什么？其意义何在？

8. 热电偶测量温度时，为什么要进行冷端补偿？常用的补偿方法有几种？

9. 用镍铬-镍硅热电偶测某一热源温度，当冷端温度为 30 ℃，测出热端温度为 T 时的热电动势为 39.17 mV，求热源的真实温度。

10. 光电效应有哪几种？指出与之对应的光电元件。

11. 光电传感器有哪几种常见形式？各有哪些用途？

12. 光纤作为传感器的优势有哪些？

13. 通过查阅相关资料及网络搜索，写一篇光纤与激光传感器相结合案例的设计方案。

第四章 电子测量技术概要

测量是人类认识和改造世界的一种不可或缺的手段。俄国科学家门捷列夫在论述测量的意义时曾说过:"没有测量,就没有科学""测量是认识自然界的主要工具"。历史事实也已证明:科学的进步,生产的发展,与测量理论、技术、手段的发展和进步是相互依赖、相互促进的。测量技术水平是一个历史时期、一个国家的科学技术水平的一面"镜子"。

从广义来说,凡是利用电子技术来进行的测量都可以说是电子测量。随着电子信息技术的发展,电子测量的优点越来越突出。许多非电量都可以通过一定的传感器变成电信号,然后利用一整套比较成熟的电子学方法来测量。在科技高度发展的今天,尖端技术和现代化的生产制造都离不开精密和准确的测量。

第一节 测量技术与电子测量

一、了解测量技术

测量是检测技术的主要方法,是借助专门的技术和仪器装置,采用一定的方法获取某一客观事物定量数据资料的认识过程。测量能够帮助人们获取客观事物的信息,寻找并发现客观事物发展的规律。广义地讲,测量不仅对被测的物理量进行定量的测量,而且还包括对更广泛的被测对象进行定性、定位测量。

1. 测量的实质

测量过程实质上是一个比较过程,即将被测量与同性质的标准量进行比较,从而确定被测量对标准量的倍数,并用数字表示这个结果。比如,用尺子测量长度,实质为被测长度与尺子的刻度进行比较,那么尺子的刻度就是标准量。标准量有等级之分,世界公认长度的标准量可以追溯到定义为通过巴黎子午线全长四千万分之一的"米原器",随着科学技术的发展,最新的标准"米"被定义为 $1/299\,792\,458$ s 时间间隔内光在真空中行程的长度。从最高一级标准到实际应用的测量仪器所进行的量值传递是各个国家各级计量部门的主要职能。

测量结果可以表示为一定的数字,也可以表示为一条曲线,或表示成某种图形。无论用哪种方法表示,定量结果应既包含数值(大小和符号),又包含单位。

2. 测量的方法

通过被测量与标准量比较得出比值的方法，称为测量方法。针对不同测量任务进行具体分析以找出切实可行的测量方法，对测量工作十分重要。测量方法的选择正确与否直接关系到测量结果的可信赖程度，也关系到测量工作的经济性和可行性。不当或错误的测量方法除了得不到正确的测量结果外，还可能损坏测量仪器和被测量设备。有了先进精密的测量仪器设备，并不等于就一定能获得准确的测量结果。必须根据不同的测量对象、测量要求和测量条件，选择正确的测量方法、合适的测量仪器，构成实际测量系统，进行正确、细心的操作，才能得到理想的测量结果。

1）按测量手段分类

根据测量手段的不同，测量可分为直接测量、间接测量和联立测量。

（1）直接测量。

直接测量就是用标准的仪表直接读取测量结果的方法。例如，用万用表测量电压、电流，用标准尺测量长度，用电子秤测量质量等。这种测量方法的优点是简单而迅速，缺点是精度不高。该方法在工程上被广泛采用。

（2）间接测量。

间接测量就是首先确定被测量的函数关系式，然后对关系式中的有关量进行直接测量，最后将测量值代入函数关系式经计算得出被测量的值。例如，测量标准长方体的密度 ρ，单位符号为 kg/m^3，如果没有直接测量该量值的仪器，可以先测出长方体的边长 a、b、c 及其质量 m，然后根据式（4-1）求得密度

$$\rho = \frac{m}{abc} \quad (\text{kg/m}^3) \tag{4-1}$$

间接测量的手续较多，花费时间较长，但是如果对误差进行分析并选择优化的测量方案，有时可以获得精度较高的测量值。间接测量多用于科学实验中的实验室测量。

（3）联立测量。

联立测量又称为组合测量，它是一种兼用直接测量和间接测量的方法。如果被测量有多个，且被测量又与某些可以通过直接或间接测量得到结果的其他量存在一定的函数关系，则可以先测量这几个量，再求解函数关系式组成的联立方程组，从而得到多个被测量的数值。例如，在研究热电阻 R_t 随温度 t 变化的规律时，已知在一定的温度范围内满足式（4-2）：

$$R_t = R_{20} + \alpha(t-20) + \beta(t-20)^2 \tag{4-2}$$

式（4-2）中，R_{20}、α、β 是 3 个被测量，R_{20} 是电阻在 20 ℃ 时的数值，α、β 是电阻的温度系数。根据该关系式，可以分别测出在 t_1、t_2、t_3 三个不同测试温度时导体的电阻值 R_{t1}、R_{t2}、R_{t3}，得到联立方程组，求解方程组可得到 R_{20}、α、β。

2）按测量时是否与被测对象接触分类

根据测量时是否与被测对象接触可分为接触式测量和非接触式测量。

（1）接触式测量。

测量时仪器设备与被测对象接触，承受被测参数的作用，感受其变化，从而获得信号，

并测量其信号大小的方法，称为接触测量法。例如，体温计测体温等。

（2）非接触式测量。

测量时仪器设备不与被测对象接触，而是间接承受被测参数的作用，感受其变化，从而获得信号，并测量其信号大小的方法，称为非接触测量法。例如，铁道车辆中检测轮轴的红外线探伤，高速公路上超速车辆的探测等。一般非接触式测量不影响被测对象的运行情况，特别是对于运动对象、腐蚀性介质及危险场合的参数检测，它更方便、安全和准确。

为了监视生产过程，或在生产线上监测被加工工件质量的测量称为在线测量；反之，称为离线测量。在线测量一般都采用非接触式测量方法。

3）按被测量的变化情况分类

根据被测量的变化快慢可分为静态测量与动态测量。

（1）静态测量。

静态测量是指测量那些不随时间变化或变化很慢的物理量。例如，体检中的身高、体重测量，温度计测气温等。

（2）动态测量。

动态测量是指测量那些随着时间而变化的物理量。例如，汽车运行中的转速仪测量，地震仪测量振动波形等。

4）按测量结果的显示方式分类

根据测量结果的显示方式不同可分为模拟式测量与数字式测量。

（1）模拟式测量。

模拟式测量是指测量结果可根据仪表指针在标尺上的定位进行连续读取的方法。例如，模拟万用表测电压、电流等。

（2）数字式测量。

数字式测量是指以数字的形式直接给出测量结果的方法。例如，用数字万用表测电压、电流等。精密测量时一般采用数字式测量方法。

5）按测量方式分类

根据测量的具体手段与方式不动，还可以分为偏差式测量、零位式测量和微差式测量。

（1）偏差式测量。

以仪表指针的偏移量表示被测量的测量方式称为偏差式测量。应用这种方法测量时，仪表刻度应事先用标准器具标定。在测量时，输入被测量，按照仪表指针在标尺上的示值决定被测量的数值，如磁电式电流表测电流、指针式电压表测电压等。这种方法测量过程比较简单、迅速，但测量结果精度较低，易产生漂移，所以必须定期对偏差式仪表进行校准。

（2）零位式测量。

在检测过程中，将被测量与仪表内部的标准量进行比较，当测量系统达到平衡时，用已知标准量的值决定被测量的值，这种测量方式称为零位式测量。在测量时，已知标准量直接与被测量相比较，已知量应连续可调，指零仪表指零时，被测量与已知标准量相等。例如，用天平测量物体质量，用平衡电桥测量电阻值等。这种测量方法的优点是可以获得较高的测量精度，但测量过程比较复杂，速度不快，不适用于测量迅速变化的信号。

（3）微差式测量。

微差式测量综合了偏差式测量速度快和零位式测量精度高的优点，测量时预先使被测量与测量装置内部的标准量取得平衡，当被测量有微小变化时，测量装置失去平衡，并指示其变化部分的数值，如用天平指针在标尺上移动的格数来读取微小差值。这种测量方式的优点是反应快，且测量精度高，特别适用于在线控制参数的测量。

二、电子测量

电子测量泛指以电子技术为基本手段的一种测量形式。电子测量除具体运用电子科学的原理、方法和设备对各种电量、电信号及电路元器件的特性和参数进行测量外，还可通过各种敏感器件和传感装置对非电量进行测量。这种测量方法往往更加方便、快捷、准确，有时是用其他测量方法所不能替代的。

近几十年来，计算技术和微电子技术的迅猛发展为电子测量和测量仪器增添了巨大活力。电子计算机尤其是微型计算机与电子测量仪器相结合，构成了一代崭新的仪器和测试系统，即人们通常所说的"智能仪器"和"自动测试系统"，它们能够对若干电参数进行自动测量、自动量程选择、数据记录和处理、数据传输、误差修正、自检自校、故障诊断及在线测试等，不仅改变了若干传统测量的概念，更对整个电子技术和其他科学技术产生了巨大的推动作用。现在，电子测量技术（包括测量理论、测量方法、测量仪器装置等）已成为电子科学领域重要且发展迅速的分支学科。

1. 电子测量的内容

电子测量的内容很多，大概分为五大类。

1）能量的测量

能量的测量指的是对电流、电压、功率、电场强度等参量的测量。

2）电路参数的测量

电路参数的测量指的是对电阻、电感、电容、阻抗、品质因数、损耗率等参量的测量。

3）信号特性的测量

信号特性的测量指的是对频率、周期、时间、相位、调制系数、失真度等参量的测量。

4）电子设备性能的测量

电子设备性能的测量指的是对通频带、选择性、放大倍数、衰减量、灵敏度、信噪比等参量的测量。

5）特性曲线的测量

特性曲线的测量指的是对幅频特性、相频特性、器件特性等特性曲线的测量。

上述各项测量内容中，尤以对频率、时间、电压、相位、阻抗等基本电参数的测量更为重要，它们往往是其他参数测量的基础。例如，放大器的增益测量实际上就是对其输入、输出端电压的测量，再相比取对数得到增益分贝数；脉冲信号波形参数的测量可归结为对电压和时间的测量。由于时间和频率测量具有其他测量所不可比拟的精确性，因此常把对其他待测量的测量转换成对时间或频率的测量的方法和技术。

实际中，常常需要对许多非电量进行测量。前面三章讲述的检测技术为这类测量提供了新的方法和途径。可以利用各种敏感元件和传感装置将非电量（如位移、速度、温度、压力、流量、物质成分等）变换成电信号，再利用电子测量设备进行测量。

2. 电子测量的特点

与其他测量方法和测量仪器相比，电子测量和电子测量仪器具有以下特点。

1）测量频率范围宽

电子测量中所遇到的测量对象，其频率覆盖范围极宽，低至 10^{-6} Hz 以下，高至 10^{12} Hz 以上。当然，不能要求同一台仪器能在这样宽的频率范围内工作，通常根据不同的工作频段采用不同的测量原理，使用不同的测量仪器。

2）测量量程宽

量程是测量范围的上、下限值之差或上、下限值之比。电子测量的另一个特点是被测对象的量值大小相差悬殊。

例如，地面上接收到的宇宙飞船自外太空发来的信号功率低到 10^{-14} W 数量级，而远程雷达发射的脉冲功率可高达 108 W 以上，两者之比为 $1：10^{16}$。一般情况下，使用同一台仪器，同一种测量方法，是难以覆盖如此宽广的量程的。

3）测量准确度高低相差悬殊

就整个电子测量所涉及的测量内容而言，测量结果的准确度是不一样的，有些参数的测量准确度可以很高，而有些参数的测量准确度却又相当低。对频率和时间的测量准确度可以达到 10^{-13} 数量级，这是目前在测量准确度方面达到的最高指标。而长度测量的最高准确度为 10^{-8} 数量级。除了频率和时间的测量准确度很高之外，其他参数的测量准确度相对都比较低。

例如，直流电压的准确度当前可达到 10^{-6} 数量级，音频电压为 10^{-4} 数量级，射频电压仅为 10^{-3} 数量级，而品质因数 Q 值和电场强度的测量准确度只有 10^{-1} 数量级。

造成这种现象的主要原因在于电磁现象本身的性质，使得测量结果极易受到外部环境的影响，尤其在较高频率段，待测装置和测量装置之间、装置内部各元器件之间的电磁耦合、外界干扰及测量电路中的损耗等对测量结果的影响往往不能忽略却又无法精确估计。

4）测量速度快

由于电子测量是基于电子运动、电磁波的传播，高速电子计算机的应用使得电子测量无论在测量速度，还是在测量结果的处理和传输上，都可以以极高速度进行。例如，卫星、飞船等各种航天器的发射与运行，没有快速、自动的测量与控制，简直是无法想象的。

5）可以进行遥测

电子测量依据的是电子的运动和电磁波的传播，因此可以将现场各待测量转换成易于传输的电信号，用有线或无线的方式传送到测试控制台（中心），从而实现遥测和遥控。这使得对那些远距离的、高速运动的或其他人们难以接近的地方的信号进行测量成为可能。

6）易于实现测试智能化和测试自动化

功耗低、体积小、处理速度快、可靠性高的微型计算机的出现，给电子测量理论、技术和设备带来了新的革命。例如，微处理器出现于 1971 年，而在 1972 年就出现了使用微处理器的自动电容电桥。现在，已有大量商品化带微处理器的电子测量仪器面世，许多仪器还带有 GPIB 标准仪器接口，可以方便地构成功能完善的自动测试系统。

电子测试技术与计算机技术的紧密结合与相互促进，为测量领域带来了极为美好的前景。

7）影响因素众多，误差处理复杂

影响测量结果及测量误差的因素大体上可分为外部的和内部的，通常来自测量系统的外部，如环境温度、湿度、电源电压、外界电磁干扰等。

第二节　测量误差与数据处理

一、测量误差

测量仪器仪表的测得值与被测量真值之间的差异，称为测量误差。

1. 测量误差的几个概念

1）真值

测量的目的是要获得被测量的真值。所谓真值，就是一个物理量在一定的时间和环境条件下，被测量所呈现的客观大小或真实数值。或者说，真值是利用理想的量具或测量仪器仪表进行无误差的测量得到的。很显然，真值只是一个理想的概念，实际中无法得到。

2）实际值

由于真值只有理论意义而没有实际意义，所以在实际测量中，常用高一级标准仪器的示值来代替真值，通常称为实际值，也叫作相对真值。实际值的意义是在每一级误差测量和比较中，都以上一级标准所体现的值作为准确无误的值。

3）标称值

标称值是测量器具上标定的数值，如信号发生器刻度盘上标出的输出正弦波的频率 100 kHz。由于制造和测量精度不够及环境因素的影响，标称值并不一定等于它的真值或实际值，所以，在标出测量器具的标称值时，通常还要标出它的误差范围或准确度等级。例如，某电阻标称值为 1 kΩ，误差 ±1%，即意味该电阻的实际值为 990 ~ 1 010 Ω。

4）示值

示值指的是由测量器具指示的被测量的量值，也称测量器具的测量值，它包括数值和单位。一般来说，示值就是测量仪表的读数，但有所区别，读数是仪器刻度盘上直接读到的数字。例如，用 100 分度表示 50 mA 的电流表，当指针指在刻度盘上的 50 处时，读数是 50，而示值是 25 mA。当然，对于数字显示的仪器仪表，通常示值和读数是统一的。

2. 误差的表示方法

1）绝对误差

绝对误差是指测量值与真值之间的差值，它反映了测量值偏离真值的程度。若被测量的真值为 A_0，测量仪器的示值为 x，则得到绝对误差 Δx 为

$$\Delta x = x - A_0 \tag{4-4}$$

由于真值 A_0 一般无法得到，故常用高一级标准仪器的示值 A 代替真值，那么就有

$$\Delta x = x - A \tag{4-5}$$

一般绝对误差用式（4-5）表示，也称为仪器的示值误差，它是有大小、有单位的量。

绝对值与 Δx 相等但符号相反的值，称为修正值，一般用 C 表示

$$C = -\Delta x = A - x \tag{4-6}$$

受测仪器的修正值一般是通过校准，由上一级标准给出，在测量时，利用示值和已知的修正值相加，即可计算出被测量的实际值。即

$$A = x + C \tag{4-7}$$

【例 4-1】 某电流表测得的电流示值为 0.83 mA，查该电流表使用说明书，得知该电流表在 0.8 mA 及其附近的修正值为 – 0.02 mA，那么被测电流的实际值为

$$A = [0.83 + (-0.02)]\text{mA} = 0.81 \text{ mA}$$

2）相对误差

实际上，绝对误差的大小并不能代表测量的准确程度。比如，用直尺测量几十厘米长度的绝对误差为 0.1 mm，而大地测量相距几百千米的两城市间距的绝对误差为 1 m，显然用绝对误差大小来判断哪个测量更准确不科学。为了表征测量的准确程度，常用相对误差的形式。相对误差反映了测量值偏离真值的程度，可分为实际相对误差、示值（标称）相对误差和引用（满度）相对误差。

（1）实际相对误差。

由于真值的不可知性，所以用绝对误差与实际值的百分比来表示相对误差，称为实际相对误差，用 γ_A 表示。

$$\gamma_A = \frac{\Delta x}{A} \times 100\% \tag{4-8}$$

如例 4-1 中，已知 $\Delta x = -C = 0.02$ mA，$A = 0.81$ mA，故

$$\gamma_A = \frac{0.02}{0.81} \times 100\% = 2.47\%$$

（2）示值（标称）相对误差。

在误差较小、要求不太严格的场合，也可以用仪器测得值代替实际值，这时的相对误差称为示值（标称）相对误差，用 γ_x 表示

$$\gamma_x = \frac{\Delta x}{x} \times 100\% \tag{4-9}$$

如例 4-1 中，已知 $\Delta x = 0.02$ mA，$x = 0.83$ mA，故

$$\gamma_x = \frac{0.02}{0.83} \times 100\% = 2.41\%$$

（3）引用（满度）相对误差。

引用（满度）相对误差定义为仪器量程内最大绝对误差 Δx_m 的绝对值与测量仪器满度值 x_m 的百分比，用 γ_m 表示。

$$\gamma_m = \frac{|\Delta x_m|}{x_m} \times 100\% \tag{4-10}$$

目前我国电工仪表精度等级 S 分为 7 级：0.1、0.2、0.5、1.0、1.5、2.5、5.0 级。例如 5.0 级表示满度相对误差的最大值不超过仪表量程上限的 5%。满度相对误差中的分子、分母均由仪表本身的性能决定，所以它是衡量仪表性能优劣的一种简便实用的方法。

【例 4-2】 某温度计的量程范围为 0 ~ 500 ℃，校验时该表的最大绝对误差为 6 ℃，试确定该仪表的精度等级。

解：已知 $|\Delta x_m|$ 为 6 ℃，x_m 为 500 ℃，代入式（4-10）中，得

$$\gamma_m = \frac{|\Delta x_m|}{x_m} \times 100\% = \frac{6}{500} \times 100\% = 1.2\%$$

该温度计的满度相对误差介于 1.0% 与 1.5% 之间，因此该表的精度等级应等为 1.5 级。

【例 4-3】 现有 0.5 级的 0 ~ 300 ℃ 和 1 级的 0 ~ 100 ℃ 两个温度计，欲测量 80 ℃ 的温度，用哪个温度计更好？

解：0.5 级温度计测量时可能出现的最大绝对误差、测量 80 ℃ 可能出现的最大实际相对误差分别为

$$|\Delta x_{m1}| = \gamma_{m1} \cdot x_{m1} = 0.5\% \times 300 = 1.5$$
$$\gamma_{x1} = \frac{|\Delta x_{m1}|}{x} \times 100\% = \frac{1.5}{80} \times 100\% = 1.875\%$$

1.0 级温度计测量时可能出现的最大绝对误差、测量 80 ℃ 可能出现的最大实际相对误差分别为

$$|\Delta x_{m2}| = \gamma_{m2} \cdot x_{m2} = 1.0\% \times 100 = 1$$

$$\gamma_{x2} = \frac{|\Delta x_{m2}|}{x} \times 100\% = \frac{1}{80} \times 100\% = 1.25\%$$

计算结果表明，用 1.0 级温度计比用 0.5 级温度计测量时，实际相对误差反而小。因此，在选用仪表时，不能单纯追求高精度，而是应兼顾精度等级和量程。

对于同一仪表，所选用量程不同，可能产生的最大绝对误差也不同。当仪表准确度等级选定后，测量值越接近满度值时，测量相对误差越小，测量越准确。因此，一般情况下应尽量使指针在仪表满度值的 2/3 以上区域。但该结论只适用于正向刻度的一般电工仪表，对于万用表电阻挡等这样的非线性刻度仪表，应尽量使指针处于满度值 1/2 左右的区域。

二、测量误差的来源及分类

1. 误差来源分析

为了减小测量误差，提高测量的准确度，必须明确测量误差的主要来源，以便估算测量误差并采取相应措施减小测量误差。测量误差是多种误差因素共同作用的结果。

1）仪器误差

仪器误差是由于仪器仪表本身及其附件设计、制造、装配、检验等环节的不完善，以及在使用过程中因元器件老化、机械部件磨损、疲劳等因素而使测量仪器设备带有的误差。例如，示波器的探极线含有的误差，仪器仪表的零位偏移等。减小仪器误差的主要途径是根据实际测量任务，正确地选择测量方法和使用测量仪器。

2）使用误差

使用误差是由于对测量设备操作不当而造成的误差，又称操作误差。例如，未按操作规程进行预热、调节、校准后再测量。减小使用误差的主要途径是提高测量操作技能，严格按照仪器使用说明书规定的方法、步骤进行操作。

3）人身误差

人身误差是由于测量者的分辨能力、视觉疲劳、固有习惯或缺乏责任心等因素引起的误差，如读错刻度、念错读数等。减小人身误差的主要途径是提高操作者的操作技能和责任心，采用更合适的测量方法，采用数字显示的客观读数等。

4）影响误差

影响误差是由于各种环境因素与要求条件不一致而造成的误差。对于电子测量来说，最主要的影响因素是环境温度、电源电压和电磁干扰。当环境条件符合要求时，影响误差可以不予考虑。

5）方法误差和理论误差

方法误差是由于测量方法不合理所造成的误差。例如，用普通万用表测量电路中高阻值电阻两端的电压，由于表内阻不高而形成分流作用所引起的误差。理论误差是由于用近似公式或近似值计算测量结果所引起的误差。

2. 误差的分类

虽然产生误差的原因多种多样，但按照误差表现的规律可分为三种，即系统误差、随机误差和粗大误差。

1）系统误差

对同一被测量进行多次重复测量时，若误差固定不变或者按照一定规律变化，这种误差称为系统误差。例如仪表刻度的偏差，使用时的零位不准，温度、湿度、电源电压等变化造成的误差。系统误差的特点是：测量条件一经确定，误差即为一确定数值，用多次测量取平均值的方法并不能改变其大小。产生系统误差的原因是多方面的，但总是有一定规律的，针对其产生的来源采取一定的技术措施，可以减小它的影响。例如，对零位不准的仪器重新调零等。

2）随机误差

对同一被测量进行多次重复测量时，若误差的大小随机变化，不可预知，这种误差称为随机误差，又称偶然误差。例如，温度环境及电源电压频繁波动，电磁干扰等引起的误差。随机误差的特点是：在测量次数测量足够时，其总体服从统计规律，它反映测量值离散性的大小，所以说随机误差的大小表明测量结果的精密度。产生随机误差的原因主要有机械干扰、环境干扰、电磁场变化、放电噪声、光和空气及系统元件噪声等。可以采用对多次测量值取算术平均值的方法来减小随机误差的影响。

3）粗大误差

测量结果明显地偏离其实际值所对应的误差，称为粗大误差或疏忽误差，又称过失误差，简称粗差。确认含有粗差的测得值称为坏值，应当剔除不用，因为坏值不能反映被测量的真实数值。产生粗大误差的主要原因包括测量方法不当或错误，测量操作疏忽和失误，测量条件的突然变化等。

三、测量数据的处理

测量数据的处理，就是从测量得到的原始数据中求出被测量的最佳估计值，并计算其精确程度。测量结果通常用数字或图形图像等形式表示。用数字方式表示的测量结果，可以是一个数据，也可以是一组数据；用图形图像方式表示的测量结果，可以是将测量中数据处理后绘制的图形，也可以是显示在屏幕上的图像，具有形象、直观的特点，如放大器的幅频特性曲线等。

测量中要记录数据并进行运算，记录的数据应取几位，运算后应保留几位，这些要由误差范围来决定，也涉及有效数字的问题。

1. 有效数字的概念

任何一个测量量，既然其测量结果都包含有误差，该测量的数值就不应该无限制地写下去。例如，（1.3682…±0.02）cm 应写成（1.37±0.02）cm，因为误差范围 0.02 cm 可知，该数值在百分位上已有误差，在它以后的数字便没有意义了。因此，测量结果只写到有误差的那一位数，并且在该位数以后按"四舍五入"的法则取舍。最后一位虽然有误差，但在一定程度上也能反映出被测量的客观大小，也是有效的。我们把能反映出被测量实际大小的全部数字，称为有效数字。或者说，把测量结果中可靠的几位数字加上有误差的一位数字，统称为测量结果的有效数字。有效数字的个数叫作有效数字的位数，如上述的 1.37 cm 称为三位有效数字。

有效数字的位数与十进制单位的变换无关，即与小数点的位置无关。因此，用于表示小数点位置的 0 不是有效数字。当 0 不是用于表示小数点位置时，0 和其他数字具有同等地位，都是有效数字。显然，在有效数字的位数确定时，第一个不为零的数字左面的零不能算有效数字的位数，而第一个不为零的数字右面的零一定要算作有效数字的位数。如 0.0135 m 是三位有效数字，0.0135 m、1.35 cm 及 13.5 mm 三者是等效的，只不过是分别采用了米、厘米和毫米作为长度的表示单位；1.030 m 是四位有效数字。从有效数字的另一面也可以看出测量用具的最小刻度值，如 0.0135 m 是用最小刻度为毫米的尺子测量的，而 1.030 m 是用最小刻度为厘米的尺子测量的。因此，正确掌握有效数字的概念对测量来说是十分必要的。

由于数据的最后一位有效数字一般是估测的，所以称为欠准数字或不可靠数字，而其他有效数字均为准确数字或可靠数字。例如，某电流值为 0.0321 mA，其中"3、2、1"三个数字为有效数字，两个"0"为非有效数字，"1"为欠准数字，"3、2"为准确数字。

有效数字的位数多少大致反映相对不确定度的大小。有效数字位数越多，相对不确定度越小，测量结果的精确度越高。

2. 有效数字的处理

在实际测量中，经常要对测量结果的几个数据的有效数据进行必要的处理，然后进行运算。保留的有效数字位数过多或过少，都会影响最后的结果。保留位数的总原则是：运算过程中有效数字的位数应按其中准确度最差的数据的有效数字进行取舍。

1）运算数据尾数的取舍规则

为了使舍和入的概率相等，现在通用的规则是"四舍六入五凑偶数"。即大于 5 的数，向前入 1；小于 5 的数，舍去；而等于 5 的数要看 5 后面是否有数字：若 5 后有数字，则舍 5 入 1。若 5 后面没有数字或为 0，那么 5 之前是奇数则舍 5 入 1，是偶数则舍去 5。

【例 4-4】 以下数字均保留小数点后一位有效数字：

10.34→10.3（舍去 4）；

10.36→10.4（舍 6 入 1）；

10.35→10.4（5 后面无数字，5 前面 3 为奇数，5 入 1）；

10.45→10.4（5 后面无数字，5 前面 4 为偶数，舍 5）；

9.150→9.2（5 后面为 0，前面是奇数，舍 5 入 1）；

8.251→8.3（5 后面有数字，舍 5 入 1）。

每个数字经舍入后，末位是欠准数字，末位之前是准确数字，最大舍入误差是末位的一半。因此当测量结果未注明误差时，就认为最末一位数字有"0.5"误差，称此为"0.5 误差法则"。

【例 4-5】 用一台 0.5 级电压表 100 V 量程挡测量电压，电压表指示值为 85.35 V，试确定有效位数。

解：该表在 100 V 档最大绝对误差

$$\Delta U_{\mathrm{m}} = \pm 0.5\% \times U_{\mathrm{m}} = \pm 0.5\% \times 100 = \pm 0.5 \text{ V}$$

绝对误差为±0.5 V，应用 0.5 误差法则，测量结果的末位应是个位，测量值为 85 V。

2）加法或减法运算

对于加减类型的运算，运算结果的末位应与参与运算的有效数字中最后一位的位数最高的分量相同，或者说是以小数点后有效数字位数最少的那一项为准。例如：

$$432.3 + 0.1263 - 2 = 430$$

推论：若干个直接测量值进行加法或减法计算时，选用精度相同的仪器最为合理。

3）乘法和除法运算

对于乘除类型的运算，运算结果的有效数字位数应与参与运算有效数字位数最少的分量相同。例如：

$$\frac{48 \times 3.2345}{(1.73)^2} = 52$$

推论：测量的若干个量，若是进行乘法除法运算，应按照有效位数相同的原则来选择不同精度的仪器。

4）乘方和开方运算

乘方和开方运算的有效数字的位数与其底数的有效数字的位数相同。例如：

$$(7.325)^2 = 53.66$$
$$\sqrt{32.8} = 5.73$$

6）三角函数、对数和指数运算

三角函数、对数和指数运算，其结果的有效数字位数一般与变量的位数相同。例如：

$$y = \sin\theta, \qquad \theta = 60^\circ 00'$$

则 $\qquad y = \sin 60^\circ 00' = 0.866\ 025\ 403$

结果为 $\qquad y = \sin 60^\circ 00' = 0.8660$

第三节　电子测量仪器认知

利用电子技术对各种待测量进行测量的设备，统称为电子测量仪器。

一、电子测量仪器的功能

各类电子测量仪表一般具有物理量的变换、信号的传输和测量结果的显示等三种最基本的功能。

1. 变换功能

对于电压、电流等电学量的测量，是通过测量各种电效应来达到测量目的的。例如，作为模拟式仪表最基本构成单元的动圈式检流计（电流表）就是将流过线圈的电流强度转化成与之成正比的转矩而使仪表指针相对于初始位置偏转一个角度，根据角度偏转大小（可通过刻度盘上的刻度获得）得到被测电流的大小。这是一种基本的变换功能。

对非电量测量，必须将各种非电物理量（如压力、位移、温度、湿度、亮度、颜色、特质成分等）通过各种对之敏感的敏感元件（通常称为传感器）转换成与之相关的电压、电流等，而后通过对电压、电流的测量，转换得到被测物理量的大小。随着测量技术的发展，现在往往将传感器、放大电路及其他有关部分构成独立的单元电路，将被测量转换成模拟的或数字的标准电信号，送往测量和处理装置，这样的单元电路称为变送器，它是现代测量系统中极为重要的组成部分。

2. 传输功能

在遥测、遥控等系统中，现场测量结果经变送器处理后，需经较长距离的传输才能送到测试终端和控制台。不管采用有线的还是无线的方式，传输过程中造成的信号失真和外界干扰等问题都会存在。因此，现代测量技术和测量仪器都必须认真对待测量信息的传输问题。

3. 显示功能

测量结果必须以某种方式显示出来才有意义。因此，任何测量仪器都必须具备显示功能。例如，模拟式仪表通过指针在仪表度盘上的位置显示测量结果，数字式仪表通过数码管、液晶或阴极射线管显示测量结果。除此以外，一些先进的仪器（如智能仪器等）还具有数据记录、处理及自检、自校、报警提示等功能。

二、电子测量仪器的分类

电子测量仪器的分类方法有多种，按其功能大致可分为下面几类。

1. 电平测量仪器

如图4-1所示，电平测量仪器包括各种模拟式电压表、毫伏表、数字式电压表等。

2. 电路参数测量仪器

如图4-2所示，电路参数测量仪器包括各类电桥、Q表、RLC测试仪、晶体管或集成电

传感检测与电子测量

路参数测试仪、图示仪等。

3. 频率、时间、相位测量仪器

如图 4-3 所示，频率、时间、相位测量仪器主要包括电子计数式频率计、石英钟表测试仪、数字式相位表、波长计等。

（a）模拟式电压表

（b）毫伏表

（c）数字式电压表

图 4-1　电平测量仪器

（a）直流电桥

（b）RLC 测试仪

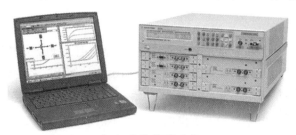
（c）晶体管测示仪

图 4-2　电路参数测量仪器

（a）电子计数式频率计

（b）石英钟表测试仪

（c）数字式相位表

图 4-3　频率、时间、相位测量仪器

4. 波形测量仪器

如图 4-4 所示，波形测量仪器主要指各类示波器，如通用示波器、多踪示波器、多扫描示波器、取样示波器，以及记忆和数字存储示波器等。

  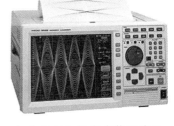

（a）通用模拟示波器　　　　　（b）多扫描示波器　　　　（c）记忆和数字存储示波器

图 4-4　波形测量仪器

5. 信号分析仪器

如图 4-5 所示，信号分析仪器包括失真度测试仪、谐波分析仪、频谱分析仪等。

（a）失真度测试仪　　　　　（b）谐波分析仪　　　　　（c）频谱分析仪

图 4-5　信号分析仪器

6. 模拟电路特性测试仪器

如图 4-6 所示，模拟电路特性测试仪器包括扫频仪、噪声系数测试仪、网络特性分析仪等。

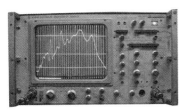  

（a）扫频仪　　　　　　（b）噪声系数测试仪　　　　（c）网络特性分析仪

图 4-6　模拟电路特性测试仪器

7. 数字电路特性测试仪器

如图 4-7 所示，数字电路特性测试仪器主要指逻辑分析仪。这类仪器内部多带有微处理器或通过接口总线与外部计算机相连，是数据域测量中不可缺少的设备。

8. 测试用信号源

如图 4-8 所示，测试用信号源包括各类低频和高频信号发生器、脉冲信号发生器、函数发生器、扫频和噪声信号发生器等。由于它们的主要功能是作为测试用信号源，因此又称供给量仪器。

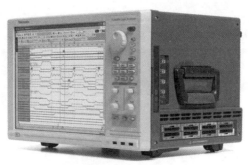

图 4-7　逻辑分析仪

（a）模拟式低频信号发生器　　（b）脉冲信号发生器　　（c）函数发生器

图 4-8　测试用信号源

三、电子测量仪器的主要性能指标

从获得的测量结果角度评价测量仪表的性能，主要包括精度、稳定性、输入阻抗、灵敏度、线性度、动态特性、频率范围等几个方面。其中精度、稳定性、灵敏度、线性度四个性能指标在第一章的检测装置性能和传感器特性中已有相关介绍，这里不再赘述。

1. 输入阻抗

测量仪表的接入改变了被测电路的阻抗特性，这种现象称为负载效应，如图 4-9 所示。

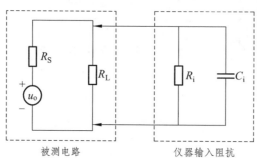

图 4-9　测试仪表的负载效应

仪表的输入阻抗一般用输入电阻值 R_i 和输入电容值 C_f 表示。例如，SX2172 交流毫伏表在 1 ~ 300 V 的测量范围内的输入阻抗为 $R_i = 10$ MΩ，$C_i < 35$ pF。

对信号源等供给量仪器，需要考虑输出阻抗，在高频尤其是微波测量等场合，还必须注意阻抗的匹配。

2. 动态特性

测量仪表的动态特性表示仪表的输出响应随输入变化的能力。例如，示波器的垂直偏转系统由于输入电容等因素的影响造成了输出波形对输入信号的滞后与畸变，示波器的瞬态响应就表示了这种仪器的动态特性。

3. 频率范围

频率范围是指保证测量仪器其他指标正常工作的有效频率范围。

四、电子测量仪器的发展

回顾电子测量仪器的发展历程，我们可以发现，从仪器使用的器件来看大致经历了三个阶段，即真空管时代、晶体管时代和集成电路时代。若从仪器的工作原理来看，又可以分为以下几个阶段。

第一阶段：模拟式电子仪器（又称指针式仪器）。这一代仪器应用和处理的信号均为模拟量，如指针式电压表、电流表、功率表及一些通用的测试仪器，均为典型的模拟式仪器。这一代仪器的特点是：体积大、功能简单、精度低、响应速度慢。

第二阶段：数字式电子仪器，如数字电压表、数字式测温仪、数字频率计等。它们的基本工作原理是将待测的模拟信号转换成数字信号并进行测量，测量结果以数字形式输出显示。数字式电子仪器与第一代模拟式电子仪器相比，具有精度高、速度快、读数清晰、直观的特点。其结果既能以数字形式输出显示，还可以通过打印机打印输出。此外，由于数字信号便于远距离传输，数字式电子仪器适用于遥测遥控。

第三阶段：智能型仪器。这一代仪器是计算机科学、通信技术、微电子学、 数字信号处理、人工智能、VLSI 等新兴技术与传统电子仪器相结合的产物。智能型仪器的主要特征是仪器内部含有微处理器（或单片机），它具有数据存储、运算和逻辑判断的能力，能根据被测参数的变化自动选择量程，可实现自动校正、自动补偿、自寻故障，以及远距离传输数据、遥测遥控等功能，还可以做一些需要人类的智慧才能完成的工作。 也就是说，这种仪器具备了一定的智能，故称为智能仪器。

第四阶段：虚拟仪器。虚拟仪器是指通过应用程序将通用计算机与必要的功能化硬件模块结合起来的一种仪器。用户可以通过友好的图形界面来操作这台计算机，就像操作自己定义、自己设计的一台专用传统仪器一样，从而完成对被测控参数的采集、运算与处理、显示、数据存储、输出等任务。虚拟仪器强调软件的作用，提出"软件就是仪器"的理念。与传统仪器相比，虚拟仪器除了在性能、易用性、用户可定制性等方面具有更多优点外，在工程应用和社会经济效益方面也具有突出优势。

模拟式和数字式电子测量仪器也称为传统仪器，它们普遍存在全部由硬件组成、功能单一固定、精度较低、人工操作等特点，其发展方向为"软硬兼施"、多功能、高精度、自动化。而智能仪器和虚拟仪器这类现代仪器有着性能优异、功能多、仪器与计算机融合、硬件与软件结合等特点，其发展方向为智能化、模块化、虚拟化和网络化。

思考与练习

1. 测量的实质是什么？什么是电子测量？

2. 用一个修正值为 – 0.2 V 的电压表去测量电压，示值为 7.9 V，问实际电压应为多少？

3. 某人分别在 3 家商店购买了 100 kg 大米、10 kg 苹果、1 kg 糖果，发现均缺少 0.5 kg，那么从误差理论角度去分析，3 家商店中哪家问题最大？为什么？

4. 现校准一个量程为 100 mV，表盘为 100 等分刻度的毫伏表，测得数据如下：

仪表刻度值/mV	0	10	20	30	40	50	60	70	80	90	100
标准仪表示值/mV	0.0	9.9	20.2	30.4	39.8	50.2	60.4	70.3	80.0	89.7	100.0
绝 对 误 差/mV											
修正值 C/mV											

（1）将各校准点的绝对误差和修正值填在表格中。

（2）求 10 mV 刻度点上的示值相对误差和实际相对误差。

（3）确定仪表的灵敏度。

5. 两个电压实际值分别为 $U_1 = 100$ V、$U_2 = 10$ V，测得值分别为 $U_{x1} = 99$ V、$U_{x2} = 9$ V，求两次测量的绝对误差、实际相对误差。

6. 有两个电容器，其中 $C_1 = 2000 \pm 40$ pF，$C_2 = 470$ pF（$1 \pm 5\%$），请问哪个电容器的误差大些？为什么？

7. 现检定一只 2.5 级量程、100 V 电压表，在 50 V 刻度上标准电压表读数为 48 V，问在这一点上电压表是否合格？

8. 欲测 240 V 左右的电压，要求测量示值相对误差的绝对值不大于 0.6%。那么，若选用量程分别为 250 V、300 V 和 500 V 的电压表，其精度应选择哪一级？

9. 指出下列数据中的有效数字、准确数字和欠准数字，并按照舍入原则进行处理，使其各保留 3 位有效数字：

87.362；8.8135；6.2950；0.034 35；58.250；38.7550；0.000 95；31.2350。

10. 分析传统仪器和现代仪器的差异。

第五章　常用电子测量仪器

由北京南站至上海虹桥站的京沪高铁，全长 1318 千米，基础设施设计速度为 380 km/h。列车以这样的速度运行对轨道和列车本身的要求都特别高。这不仅仅在于设计，还要借助各种测量仪器，对仪器也有特别高的要求，其中就要用到电子测量技术与仪器。本章重点介绍几种常用的电子测量仪器与仪表。

第一节　信号发生器

将输出信号加到被测器件、设备上，用其他测量仪器观察、测量被测者的输出响应，以分析确定它们的性能参数，如图 5-1 所示。这种提供测试用电信号的装置，统称为信号发生器。信号发生器是产生各种电信号的设备，可产生不同频率、不同波形、不同幅度的电压或电流信号。而这些信号在研制、生产、测试和维修各种电子元器件、部件及整机设备时，具有重要的作用。

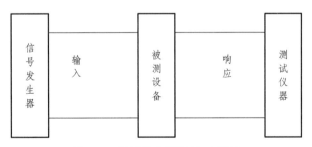

图 5-1　信号发生器用途示意图

一、信号发生器的分类

1. 按用途分类

信号发生器用途广泛，按用途分可分为专用信号发生器和通用信号发生器。专用信号发生器是为某种特殊或专用目的而设计制造的，如调频立体声信号发生器、电视信号发生器、编码脉冲信号发生器等。通用信号发生器应用广泛、使用灵活，是一般测试场合不可缺少的重要信号源。

2. 按频率范围分类

按输出信号的频率范围划分，可分为超低频、低频、视频、高频、甚高频和超高频信号发生器，如表 5-1 所示。

表 5-1　信号发生器按频率范围分类

名　称	频率范围	主要应用领域
超低频信号发生器	0.0001 Hz ~ 1 kHz	电声学
低频信号发生器	1 Hz ~ 1 MHz	电报通信
视频信号发生器	20 Hz ~ 10 MHz	无线电广播（AM）
高频信号发生器.	200 kHz ~ 30 MHz	广播、电报
甚高频信号发生器	30 MHz ~ 300 MHz	电视、调频广播、导航
超高频信号发生器	300 MHz 以上	雷达、导航、通信

如表 5-1 所示，频率段的划分并不是绝对的。如在某些文献的划分中，表中六个频段的范围为：30 kHz 以下、30 kHz ~ 300 kHz、300 kHz ~ 6 MHz、6 MHz ~ 30 MHz、30 MHz ~ 300 MHz 和 300 MHz ~ 3000 MHz。

3. 按输出波形分类

信号发生器按输出波形的不同可分为：正弦波信号发生器和非正弦波信号发生器。非正弦波信号发生器又包括：脉冲信号发生器、函数信号发生器、扫频信号发生器等。正弦波信号发生器应用较为广泛，脉冲波信号发生器主要用来测试数字电路的工作特性，扫频信号发生器用来测试放大电路的幅频特性。图 5-2 所示为其中几种典型波形。

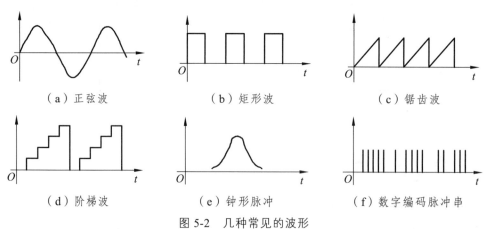

（a）正弦波　　　　（b）矩形波　　　　（c）锯齿波

（d）阶梯波　　　　（e）钟形脉冲　　　　（f）数字编码脉冲串

图 5-2　几种常见的波形

除了以上三种分类方法外，还有按调制方式、信号发生器的性能等分类的其他方法。

二、信号发生器的基本组成

如图 5-3 所示为信号发生器的基本组成框图，它包括以下几部分：主振器是信号发生器的核心部分，它产生不同频率、不同波形的信号。变换器用来完成对主振信号进行放大、整形及调制等工作。输出级的基本任务是调节信号的输出电平和变换输出阻抗。指示器用于监测输出信号的电平、频率及调制度。电源为仪器各部分提供所需的工作电压。

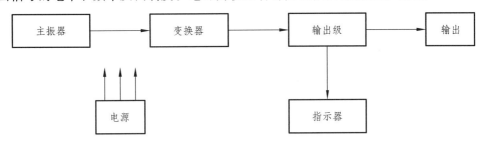

图 5-3　信号发生器的基本组成

三、信号发生器的性能指标

正弦信号发生器是最普遍、应用最广泛的一种信号发生器，可用于任何线性双口网络的响应性能测试，且正弦信号容易产生。下面就以正弦信号发生器为例，介绍信号发生器的几项重要性能指标。

通常用频率特性、输出特性和调制特性（俗称三大指标）来评价正弦信号发生器的性能。

1. 频率特性

常用以下三项技术指标来描述信号发生器的频率特性。

1）频率范围

指信号发生器输出信号的频率范围，在该范围内各项指标应符合要求，还要求在输出频率范围内连续可调或分波段连续可调。例如，国产 XD1 型信号发生器输出信号频率范围为 1 Hz ~ 1 MHz，分为六个频段，为了保证有效频率范围连续，两相邻频段间有相互衔接的公共部分即频段重叠。

2）频率准确度

频率准确度是指信号发生器度盘（或数字显示）数值与实际输出信号频率间的偏差，一般用相对误差表示。

$$\Delta = \frac{f' - f_0}{f_0} \times 100\% \qquad (5-1)$$

式中　f'——仪器度盘或数字显示的频率；

　　　　f_0——仪器实际输出频率。

频率准确度实际上是输出信号频率的工作误差，用度盘读数的信号发生器频率准确度约

为 ± （1% ～ 10%），而一些采用频率合成技术并带有数字显示的信号发生器，其输出频率具有基准频率（晶振）的准确度，若采用高稳定度的晶体振荡器作为基准频率，输出频率的准确度可达到 $10^{-8} \sim 10^{-9}$。

3）频率稳定度

频率稳定度是指其他外界条件恒定不变的情况下，在规定的时间内，信号发生器输出频率相对于预调值变化的大小。根据国家标准，频率稳定度又分为频率短期稳定度和频率长期稳定度。

频率短期稳定度是指：信号发生器经过规定的时间预热后，信号频率在任意 15 min 时间内所发生的最大变化，即

$$\delta = \frac{f_{\max} - f_{\min}}{f'} \times 100\% \tag{5-2}$$

式中 $f_{\max}$、$f_{\min}$ ——任意 15 min 内输出信号频率的最大值、最小值。

频率长期稳定度定义为信号发生器经过规定的时间预热后，信号发生器在任意 3 h 内所发生的最大变化，其表达式仍可用式（5-2）表示。

有些信号发生器，并未完全按上述方法给出频率稳定度指标，有的以每小时的频率漂移来确定稳定度，有的则以天为时间单位来表示稳定度。

一般来说，通用信号发生器的频率稳定度为 $10^{-2} \sim 10^{-4}$，高精度、高稳定度信号发生器的频率稳定度应高于 10^{-7}，并且要求频率稳定度一般应比频率准确度高出 1～2 个数量级。

2. 输出特性

信号发生器的输出特性主要包括输出信号的频谱纯度、输出电平及输出阻抗等。

1）输出信号的频谱纯度

信号的频谱纯度是指输出信号的波形接近理想波形的程度。理想的信号发生器应输出一个理想的波形，但由于信号发生器内部存在非线性器件，会产生信号的谐波分量，造成非线性失真，用非线性失真系数 γ 来表示：

$$\gamma = \frac{\sqrt{U_2^2 + U_3^2 + \cdots + U_n^2}}{U_1} \times 100\% \tag{5-3}$$

式中，U_1 为输出信号基波幅值的有效值，U_2、U_3、$\cdots$、U_n 为各次谐波分量的有效值。

2）输出电平

输出电平指输出信号幅度的有效范围。通过输出级衰减器调节，可使输出电平在最大、最小幅度范围内变化。输出幅度可用电压（V、mV，μV）或分贝（dB）来表示。

由于输出电平受到各种因素的影响，输出信号幅度也会发生一些变化，可用输出信号幅度稳定度及平坦度指标来表示。幅度稳定度定义为信号发生器经过规定的预热时间后，在规定时间间隔内输出信号幅度对预调幅度值的相对变化量。平坦度指分别由温度变化、电源波动、频率变动等引起的输出幅度变化量。人们往往主要关心输出幅度随频率的变化情况。

3）输出阻抗

信号发生器的输出阻抗视其类型不同而不同。低频信号发生器电压输出端的输出阻抗一般为 600 Ω（或 1 kΩ），功率输出端的输出阻抗依输出匹配变压器的设计而定，通常有 50 Ω、75 Ω、150 Ω、600 Ω 和 5 kΩ等。高频信号发生器一般有 50 Ω 或 75 Ω。使用高频信号发生器时，要特别注意阻抗的匹配，否则信号将产生失真和衰减。

3. 调制特性

高频信号发生器输出正弦波的同时，一般还能输出一种或一种以上的已调制信号，多数情况下是调幅信号和调频信号。有些还带有调相和脉冲调制等功能。当调制信号由信号发生器内部产生时，称为内调制；当调制信号由外部输入进行调制时，称为外调制。这种具有调制特性的信号发生器是测试无线电收、发设备时不可缺少的设备。例如，XFC-A 型标准信号发生器，就具备内、外调幅和内、外调频功能，可分别产生调幅信号、调频信号。

四、传统信号发生器

通用的传统信号发生器是指以模拟电路单元构成的仪器，主要包括低频信号发生器、高频信号发生器、脉冲信号发生器、函数信号发生器、扫频信号发生器和噪声信号发生器等。下面重点以低频信号发生器组成原理为例进行介绍。

1. 低频信号发生器

低频信号发生器又称为音频信号发生器，用来产生频率范围为 1 Hz ~ 1 MHz 的低频正弦信号、方波信号及其他波形信号。它是一种多功能、宽量程的电子仪器，在低频电路测试中应用比较广泛，还可以为高频信号发生器提供外部调制信号。

图 5-4 为低频信号发生器组成框图。它主要包括主振器、缓冲放大级、输出衰减器、功率放大器、阻抗变换器和指示电压表等。

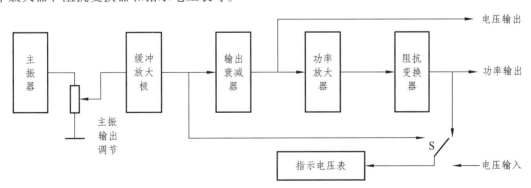

图 5-4 低频信号发生器的组成框图

1）主振器

主振器是信号发生器里的最关键的部件。低频信号发生器的主振器有多种形式，包括 RC

振荡器、LC 振荡器、差频振荡器，以及超低频电路中常采用的运放构成的振荡器。其中又以 RC 振荡器的应用最为广泛。

RC 文氏桥式振荡器具有输出波形失真小、振幅稳定、频率调节方便和频率可调范围宽等特点，故被普遍应用于低频信号发生器主振器中。主振器产生与低频信号发生器频率一致的低频正弦信号。

如图 5-5 所示，RC 文氏桥式振荡器是一个电压反馈式振荡器，由两个电阻和电容构成串并联正反馈支路，起到选频的作用，改变电阻和电容值可进行频率调节。一般选用波段开关调节电阻大小，实现频率的粗调，选用双联电容改变电容大小，实现频率的细调。

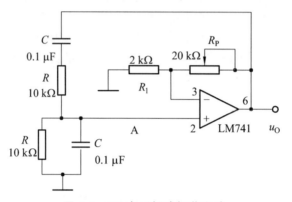

图 5-5　RC 文氏桥式振荡电路

图 5-6 所示为差频振荡器组成框图。差频振荡器通过混频器将一个固定频率和一个可变频率进行混频，其原理是当两个不同频率的信号同时作用到一个非线性元件上时，会在它的输出电流中产生许多组合频率分量。差频振荡器的缺点是电路复杂，频率准确度、稳定度较差，波形失真大；优点是频率连续可调节，常用在扫频振荡器中。

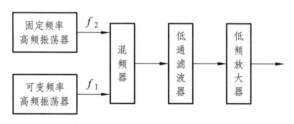

图 5-6　差频式低频振荡器

2）缓冲放大级

缓冲放大级兼有缓冲与电压放大的作用。缓冲是为了使后级电路不影响主振器的工作，一般采用射极跟随器或运放组成的电压跟随器。放大是为了使信号发生器的输出电压达到预定技术指标。为了使主振输出调节电位器的阻值变化不影响电压放大倍数，要求电压放大器的输入阻抗较高。为了在调节输出衰减器时，不影响电压放大器，要求电压放大器的输出阻抗低，有一定的带负载能力。为了适应信号发生器宽频带等的要求，电压放大器应具有宽的频带、小的谐波失真和稳定的工作性能。

3）输出衰减器

输出衰减器用于改变信号发生器的输出电压或功率，分为连续调节和步进调节两种。连续调节由电位器实现，步进调节由步进衰减器实现。图 5-7 所示为常用输出衰减器原理图，图中电位器 R_P 为连续调节器（细调），电阻 $R_1 \sim R_8$ 与开关 S 构成步进衰减器，开关 S 为步进调节器（粗调）。调节 R_P 或变换开关 S 的挡位，均可使衰减器输出不同的电压。步进衰减量的表示方法有两种：一种是用步进衰减器的输出电压 U_o 与其输入电压 U_i 之比来表示，即 U_o/U_i；另一种是用 U_o/U_i 的分贝值来表示，即 $20\lg(U_o/U_i)$，单位为分贝（dB）。

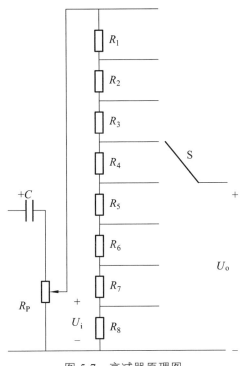

图 5-7 衰减器原理图

4）功率放大器及阻抗变换器

功率放大器用来对衰减器输出的电压信号进行功率放大，使信号发生器达到额定功率输出。为了实现与不同负载匹配，功率放大器后端与阻抗变换器相接，这样可以得到失真小的波形和最大的功率输出。

阻抗变换器只在要求功率输出时才使用，电压输出时只需衰减器。阻抗变换器即匹配输出变压器，输出频率为 5 Hz ~ 5 kHz 时使用低频匹配变压器，以减少低频损耗，输出频率为 5 kHz ~ 1 MHz 时使用高频匹配变压器。其原理是利用波段开关改变输出变压器次级圈数来改变输出阻抗。

2. 高频信号发生器

高频信号发生器的组成框图如图 5-8 所示，主要包括主振级、缓冲级、调制级、输出级、可变电抗器、内调制振荡器、监测器等部分。

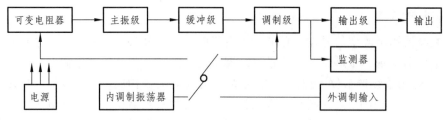

图 5-8 高频信号发生器组成框图

1）主振级

主振级是信号发生器的核心，一般采用可调频率范围宽、频率准确度高、稳定度好的 LC 振荡器，用于产生高频振荡信号。为了使信号发生器有较宽的工作频率范围，可以在主振级之后加入倍频器、分频器或混频器。主振级电路结构简单，输出功率不大，一般在几到几十毫瓦的范围内。

2）缓冲级

缓冲级主要起阻抗变换的作用，用来隔离调制级对主振级产生的不良影响，以保证主振级稳定工作。否则，会由于调制级输入阻抗不高且在调幅过程中不断变化，而使主振级振荡频率不稳定并产生寄生调频。

3）调制级

调制级实现调制信号对载波的调制，它包括调频、调幅和脉冲调制等调制方式。在输出载波或调频波时，图 5-8 所示的调制级实际上是一个宽带放大器；在输出调幅波时，实现振幅调制和信号放大。

4）可变电抗器

可变电抗器与主振级的谐振回路相耦合，在调制信号作用下，控制谐振回路电抗的变化从而实现调频。

5）内调制振荡器

内调制振荡器用于为调制级提供频率为 400 Hz 或 1 kHz 的内调制正弦信号，该方式称为内调制。当调制信号由外部电路提供时，称为外调制。

6）输出级

输出级主要由放大器、滤波器、输出微调器、输出倍乘器等组成，对高频输出信号进行调节以得到所需的输出电平，最小输出电压可达微伏数量级。输出级还用来提供合适的输出阻抗。

7）监测器

监测器用于监测输出信号的载波幅度和调制系数。

8）电源

电源用来供给各部分所需要的电压和电流。

3. 函数信号发生器

函数信号发生器实际上是一种特殊的低频信号发生器。可输出多种波形，有正弦波、三角波、锯齿波和方波等。其输出重复频率范围很宽，可以从 10^{-6} Hz 到 1 MHz，现在高端函数信号发生器可达 50 MHz。不同函数信号发生器产生信号的方法有所不同，通常有三种：第一种是先产生方波，再由变换电路产生正弦波和三角波；第二种是先产生正弦波，再变换得到方波和三角波；最后一种是先产生三角波，再变换得到正弦波和方波。下面以脉冲式函数信号发生器为例进行介绍。

脉冲式函数信号发生器由双稳态触发器电路产生方波，再经变换得到三角波和正弦波。常用脉冲式函数信号发生器的组成原理如图 5-9 所示。

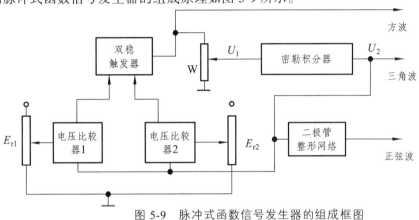

图 5-9　脉冲式函数信号发生器的组成框图

典型的脉冲式函数信号发生器的组成包括双稳触发器、密勒积分器、电压比较器及二极管整形网络等。当双稳态触发器工作于第一稳态时，接到密勒积分器的输入端电压为 U_1，积分器开始积分，其输出电压 U_2 立即线性下降。当 U_2 下降到参考电压 E_{r2} 时，电压比较器 2 使双稳态触发器翻转，进入第二稳态，U_1 就会由正突然变成负值（$-U_1$），积分器输出电压 U_2 开始线性上升。当 U_2 上升至参考电压 E_{r1} 时，电压比较器 1 又使双稳态触发器翻转，使 U_1 由负值变成正值，完成了一个振荡周期，进入下一次循环。

这样，双稳态触发器直接输出方波，密勒积分器输出三角波，三角波再经二极管整形网络后，输出正弦波。这些信号经转换开关和放大后，可选择使用。工作波形如图 5-10 所示。

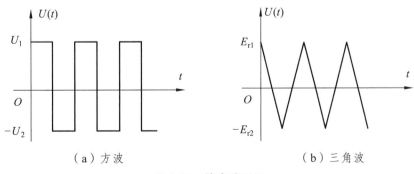

（a）方波　　　　　　　　　　　　（b）三角波

图 5-10　输出波形图

五、合成信号发生器

合成信号发生器是用频率合成技术代替信号发生器中的主振荡器。合成信号发生器的频率准确度、稳定度都优于传统的信号发生器。频率合成技术是把一个（或少数几个）高稳定度的频率源 f_s 经过加、减、乘、除及其组合运算，在一定频率范围，产生按一定频率间隔变化的一系列离散频率的信号发生器。频率合成技术又分为直接合成法和间接合成法两类。

1. 直接合成法

直接合成法是将基准晶体振荡器产生的标准频率信号，利用倍频器、分频器、混频器及滤波器等进行一系列的四则运算获得所需的频率信号。

如图 5-11 所示，晶振产生 1 MHz 的基准信号，经过谐波发生器，产生基波及其高次谐波信号 1 MHz、2 MHz、3 MHz、…、9 MHz 等基准信号。首先取出频率为 9 MHz 的信号经 10 分频后，得到频率为 0.9 MHz 的信号。该信号与 7 MHz 的信号混频后经滤波得到频率为 7.9 MHz 的信号，又 10 分频后得到频率为 0.79 MHz 的信号。同样，0.79 MHz 的信号与 5 MHz 的信号经过混频、滤波、10 分频得到 0.579 MHz 的信号。最后，0.579 MHz 的信号与 3 MHz 的信号混频、滤波，得到 3.579 MHz 的信号。

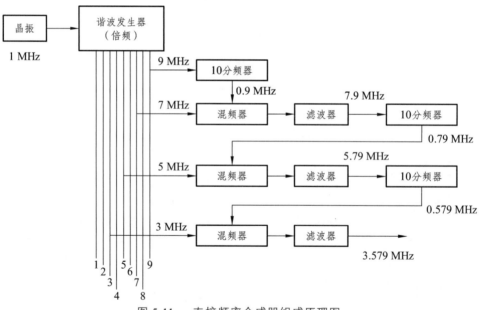

图 5-11　直接频率合成器组成原理图

上述表明，只要选择不同次谐波进行适当的组合，就可得到所需频率的信号。频率间隔可以做到 0.1 Hz 以下。直接合成法转换频率速度快，所得信号频率纯度高。但是由图 5-11 可以看出，它需要用较多的混频器和滤波器，这样会显得体积大而笨重。这种合成器常用于实验室、固定通信设备及自动测试系统。

2. 间接频率合成法

间接合成法即锁相环法。其基本组成框图如图 5-12 所示，用锁相环与分频器相结合，组成频率可控反馈系统。

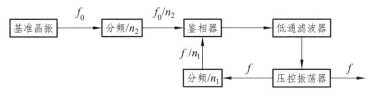

图 5-12　锁相环路合成器

压控振荡器（VCO）输出频率经分频后得到频率为 f/n_1 的信号，该信号与来自晶振分频后的信号 f_0/n_2 在鉴相器中进行相位比较，得到一个与相位差成比例的电压信号去控制压控振荡器的输出频率，整个反馈电路进入锁相后，可得 $f/n_1 = f_0/n_2$，即

$$f = \frac{n_1}{n_2} f_0 \tag{5-4}$$

这样输出信号 f 就具有与晶振信号 f_0 同样的稳定度，且可通过分频器调整输出频率的大小。

间接式频率合成器的优点是省去了直接合成器所用的混频器和滤波器，使电路结构简单，价格低廉，便于集成。但因间接式合成器受锁相环锁定过程的限制，转换速度较慢。在实际应用中，合成信号发生器通常采用多种方案的组合。例如，可采用多种基准信号，利用多个锁相环反馈电路的组合，可实现宽频覆盖、频率的调节与跳变、抑制噪声等。当前的合成信号发生器还具有高频率稳定度、数字化、小型化和信号的高可靠性等特点。

第二节　电压测量

在电子电路中，电路的各种工作都是靠电压来表征的。在非电量测量中，也多利用各类传感器装置，将非电量参数转化为电压参数。电路中的其他电参数，包括电流、功率和通频带、设备的灵敏度等，都可以看作电压的派生量，通过电压测量获得其数值。而且，在实际电路参数的测量中，电压测量直接、方便。将电压表直接并联在被测元件两端，只要电压表的内阻足够大，就可以在几乎不影响电路工作状态的前提下得到满意的测量结果。和电流测量相比，电压测量以不改变电路结构而显得更加方便。由此我们可以看出，电压测量是电子测量的基础，在电子电路和设备的测量和调试中，电压测量是不可缺少的基本测量。

一、电压测量的特点

在实际测量中，被测电压具有频率范围广、幅度差别大、波形种类多等特点，电压测量应满足下列基本要求。

1. 频率范围广

被测电压的频率范围很宽，如从零到数百兆赫，大致分为直流、低频、高频和超高频。所用电压表必须具有足够宽的频率范围，即具有足够的频宽。

2. 测量范围宽

被测电压的测量范围很宽，小到几纳伏，大到几百伏，甚至几千伏。测量之前，应对被测电压有大概的估计，所用电压表应具有相当宽的量程或具有针对性。测量小信号时需要选用高灵敏度电压表，测量高电压时需要选用绝缘强度高的电压表来测量。

3. 输入阻抗高

测量电压时，电压表以并联方式接入被测电路，其输入阻抗即为被测电路的额外负载。为使被测电路的工作状态尽量不受影响，电压表应有足够高的输入阻抗，即输入电阻应尽量大，输入电容应尽量小。

4. 抗干扰能力强

测量工作一般是在受各种干扰的情况下进行的。当电压表工作在高灵敏度时，干扰会引入明显的测量误差，这就要求电压表具有较强的抗干扰能力。必要时，还应采取一些抗干扰措施，如接地、屏蔽等，以减小干扰的影响。

5. 测量精确度高

直流电压的测量可获得较高的测量精确度，例如直流数字电压表的测量精度一般为 $10^{-4} \sim 10^{-7}$ 量级；交流电压表的测量精确度可达 $10^{-2} \sim 10^{-4}$ 量级。

6. 被测电压波形多样化

测量时，应根据电压表的类型和电压波形来确定被测电压的大小。交流电压表一般以正弦波有效值来定度，测量纯正弦波电压时读数值与被测电压的有效值相等。一般情况下，交流电压表测量非正弦波电压时的读数值无明确的物理意义，被测电压的有效值须经换算后取得。

二、交流电压的表征

交流电压的峰值、平均值和有效值是交流电压的基本参数，一个交流电压的幅度特性可用峰值、平均值、有效值、波形因数、波峰因数五个参数来表征。

1. 峰值 U_p

一个周期性交流电压 $u(t)$ 在一个周期内所出现的最大瞬时值称为该交流电压的峰值 U_p。峰值 U_p 是参考零电平计算的。有正峰值和负峰值之分，分别用 U_{p+} 和 U_{p-} 表示。

含直流分量的交流电压，其正峰值 U_{p+} 和负峰值 U_{p-} 的绝对值大小是不相等的；与交流电压的振幅值 U_m 也是不相等的。但当交流电压的直流分量为零时，其正峰值 U_{p+} 和负峰值 U_{p-} 的绝对值及交流电压的振幅值 U_m 都是相等的。这里要特别注意峰值 U_p 与振幅 U_m 的区别，区别点在参考电平不相同，峰值 U_p 是相对于零电平值，而振幅 U_m 是相对于直流分量值。

不同情况下的峰值与振幅值的含义如图 5-13 所示。

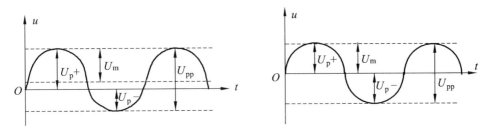

图 5-13　交流电压的峰值与振幅值

2. 平均值 $\overline{U}$

交流电压的平均值在数学上定义为

$$\overline{U} = \frac{1}{T}\int_0^T u(t)\mathrm{d}t \tag{5-5}$$

显然，不含直流分量的正弦信号的电压平均值为零。用这种定义来表征正弦信号的幅度特性是没有实际意义的，所以在实际的测量中是用检波后的平均值来表征正弦信号的幅度特性。检波分半波检波和全波检波两种，检波后的波形如图 5-14 所示。

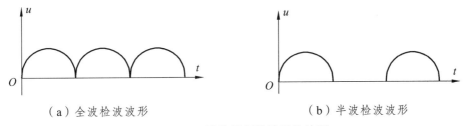

（a）全波检波波形　　　　　　　　　（b）半波检波波形

图 5-14　正弦信号经检波后的波形

通常用全波检波后的波形的平均值来表征正弦信号的幅度特性，故有

$$\overline{U} = \frac{1}{T}\int_0^T |u(t)|\mathrm{d}t \tag{5-6}$$

半波检波后的平均值是全波检波后的平均值的一半，即为正弦信号电压平均值的一半。以上是以理想正弦信号为典型例子来定义平均值，实际上各种交流信号波形电压的平均值都是用式（5-6）定义。

3. 有效值 U

交流电压的有效值理论上定义为：在交流电压的一个周期内，该交流电压在一纯电阻负载中产生的热量与一个直流电压在同样情况下产生的热量相等时，则定义这个直流电压值为该交流电压的有效值。数学上交流电压的有效值定义为它的均方根值。

$$U = \sqrt{\frac{1}{T}\int_0^T u^2(t)\mathrm{d}t} \qquad (5\text{-}7)$$

没有特殊说明时，交流电压的测量值都是指有效值。

4. 波形因数 K_f

交流电压的有效值与平均值之比称为该交流电压的波形因数，用 K_f 表示。

$$K_f = \frac{U}{\overline{U}} \qquad (5\text{-}8)$$

正弦信号的波形因数 $K_f = 1.11$。

三角波的波形因数 $K_f = \dfrac{2}{\sqrt{3}}$。

方波信号的波形因数 $K_f = 1$。

5. 波峰因数 K_P

波峰因数 K_P 定义为峰值与有效值之比。

$$K_P = \frac{U_P}{U} \qquad (5\text{-}9)$$

正弦信号的波峰因数 $K_P = \sqrt{2}$。

三角波的波峰因数 $K_P = \sqrt{3}$。

方波信号的波峰因数 $K_P = 1$。

三、电子电压表的分类

电压表按其工作原理和读数方式分为模拟式电压表和数字式电压表两大类。

1. 模拟式电压表

模拟式电压表又叫指针式电压表，一般采用磁电式直流电流表头作为被测电压的指示器。测量直流电压时，可直接或经放大/衰减后变成一定量的直流电流驱动直流表头的指针偏转指示。测量交流电压时，必须经过交流-直流变换器（即检波器），将被测交流电压先转换成与之成比例的直流电压后，再进行直流电压的测量。模拟式电压表按不同的分类方式又分为以下几种类型。

按工作频率分类：分为超低频（1 kHz 以下）、低频（1 MHz 以下）、视频（30 MHz 以下）、高频或射频（300 MHz 以下）、超高频（300 MHz 以上）电压表。

按测量电压量级分类：分为电压表（基本量程为 V 量级）和毫伏表（基本量程为 mV 量级）。

按检波方式分类：分为均值电压表、有效值电压表和峰值电压表。

按电路组成形式分类：分为检波-放大式电压表、放大-检波式电压表、外差式电压表三类。

特别注意：不管哪类模拟式电压表，都要将被测信号电压转换成直流电流通过表头才能测量出电压结果。所以，测量机构（表头）、测量线路及转换开关是模拟式电压表不可缺少的组成部分。

2. 数字式电压表

数字式电压表实际上就是一种用 A/D 变换器作测量机构，用数字显示器显示测量结果的电压表。测量交流电压及其他电参量的数字式电压表必在 A/D 变换器之前对被测电参量进行转换处理，将被测电参量变换成直流电压。

A/D 变换器是数字式电压表的核心部分，它的变换精度、分辨力、抗干扰能力直接影响数字式电压表的测量精度、灵敏度和抗干扰能力。

数字电压表一般按功能分为直流数字电压表和交流数字电压表。直流数字电压表按 A/D（模拟/数字）转换器方式分为比较型、积分型和复合型。交流数字电压表按 AC/DC（交流/直流）变换原理分为峰值型、平均值型和有效值型。

四、模拟式电压表

模拟式电压表分为均值电压表、峰值电压表和有效值电压表三种。

1. 均值电压表

在均值型电压表内，电压的平均值指被测电压经检波后的平均值，这通常是对全波检波而言，即输入电压的绝对值在一个周期的平均值。

$$\overline{U} = \frac{1}{T}\int_0^T |u(t)|\mathrm{d}t \tag{5-10}$$

均值电压表一般采用放大-检波式电路组成低频电压表，或采用外差式电路组成高频微伏表。

1）检波器电路

电子电压表内常用的均值检波器电路如图 5-15 所示，图（a）为桥式电路，图（b）中使用了两只电阻代替图（a）中的两只二极管，称为半桥式电路。

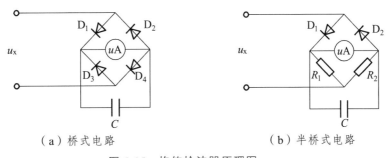

（a）桥式电路　　　　　　　　　（b）半桥式电路

图 5-15　均值检波器原理图

均值响应检波器输出平均电流 $\overline{I}_{out}$ 正比于输入电压的平均值。由于电流表动圈转动的惯性，其指针将指示 $\overline{I}_{out}$ 的值。为了使指针稳定，在表头两端跨接滤波电容，滤去检波器输出电流中的交流成分，如图 5-16 所示。

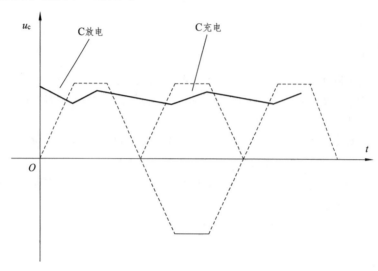

图 5-16　电容滤波示意图

2）定度系数和波形换算

考虑到正弦波是最基本的和应用最普通的波形，以及有效值的实际意义，几乎所有的交流电压表都是按照正弦波电压有效值定度的。显然，如果检波器不是有效值响应，则有标称值（即示值 U_α）与实际响应值之间存在一个系数，此系数即为定度系数，记作 K_α。

对于均值响应检波器，在额定频率下加正弦波电压时的示值

$$U_\alpha = K_\alpha \overline{U} \tag{5-11}$$

所以
$$K_\alpha = \frac{U_\alpha}{\overline{U}} = K_f = 1.11 \tag{5-12}$$

由此可知，如果用均值电压表测量纯正弦波电压，其示值 U_α 就是被测电压正弦波的有效值。如果被测电压是非正弦波电压时，其示值并无直接的物理意义，只有把示值经过换算后，才能得到被测电压的有效值。

首先按"平均值相等示值也相等"的原则将示值 U_α 折算成被测电压的平均值：

$$\overline{U} = \frac{U_\alpha}{K_\alpha} \approx 0.9 U_\alpha \tag{5-13}$$

再用波形因数 K_f（如果被测电压的波形已知）求出被测电压的有效值：

$$U_x = K_f \overline{U} \approx 0.9 K_f U_\alpha \tag{5-14}$$

综上所述，波形换算的方法是：当测量任意波形电压时，将测量结果（即表盘上的示值）先除以定度系数折算成被测电压的平均值，再乘以被测电压的波形因数（如果被测电压的波形已知）即可得到被测的非正弦电压有效值。

对于采用全波检波电路的电压表来说

$$U_x \approx 0.9 K_f U_\alpha \qquad\qquad (5\text{-}15)$$

【例 5-1】　用全波式均值表分别测量方波及三角波电压，示值均为 1 V，问被测电压的有效值分别为多少？

解：（1）对于方波

$$\overline{U} \approx 0.9 U_\alpha = 0.9 \text{ V}$$

$$U_x = K_f \overline{U} = 0.9 \text{ V}$$

（2）对于三角波

$$\overline{U} \approx 0.9 U_\alpha = 0.9 \text{ V}$$

$$U_x = K_f \overline{U} = \frac{2}{\sqrt{3}} \times 0.9 = 1.035 \text{ V}$$

2. 峰值电压表

测量高频电压一般不用均值电压表和有效值电压表，原因是它们的检波器件在测量时导通时间较长，因而其输入阻抗较低。为了不因电压表的接入而对被测电路产生较大影响，在检波前要加入跟随器进行隔离。测量高频电压时，由于放大器的带宽限制，会产生较大的频率误差。为了避免这种情况，常采用检波-放大式电压表来测量高频电压，将被测交流信号首先通过探极进行检波，使其变成直流电压，然后再放大。这种电压表多为峰值电压表，其检波器为峰值检波器。

1）检波器电路

对于任意波形的周期性交流电压，在所观察的时间或一个周期内，其电压所能达到的最大值即称为峰值，用 U_p 表示。对于正弦波而言，峰值就等于其振幅值 U_m。

峰值响应检波器电路如图 5-17 所示。其中，图（a）为串联式，图（b）为并联式，其电路形式与均值响应检波器无显著差别，但其参数选取必须满足：

$$RC \gg T_{max} \qquad\qquad R_\Sigma C \ll T_{min} \qquad\qquad (5\text{-}16)$$

式中　T_{max} ——被测交流电压的最大周期；

　　　T_{min} ——被测交流电压的最小周期；

　　　R_Σ ——信号源内阻和二极管正向电阻之和。

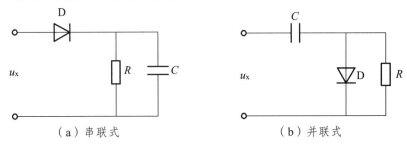

图 5-17　峰值检波器电路

这样的电路参数使检波器输出电压平均值 $\overline{U}_R$ 近似等于输入电压 $u_x(t)$ 的峰值。

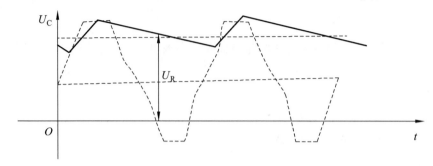

图 5-18　串联式原理示意图

在图 5-17（a）中因为电容 C 充电时间短放电时间长，从而保持其两端的电压始终接近于输入电压的峰值，即 $\overline{U}_R = \overline{U}_C \approx U_P$，如图 5-18 所示。

在图 5-17（b）所示的并联峰值检波器中，$u_x(t)$ 正半周通过二极管 D 给电容迅速充电，而负半周 C 两端电压缓慢向 R 放电，使 $\overline{U}_R = \overline{U}_C \approx U_P$，如图 5-19 所示。

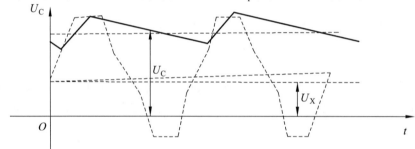

图 5-19　并联式原理示意图

上述两种电路相比较，并联式检波电路中的电容 C 还起着隔直流的作用，便于测量含有直流成分的交流电压。但 R 上除直流电压外。还叠加有交流电压，增加了额外的交流通路，故其输入电阻低于串联式电路。

2）定度系数及波形换算方法

峰值表和均值表类似，一般也是按正弦波有效值进行定度，在额定频率下度盘的示值

$$U_\alpha = K_\alpha U_P \tag{5-17}$$

式中，K_α 是定度系数。

因为以正弦波有效值定度，所以，

$$K_\alpha = \frac{U}{U_P} = \frac{1}{K_P} = \frac{\sqrt{2}}{2} \tag{5-18}$$

式中，U_P 及 U 分别表示正弦波的峰值及有效值。

根据波峰因数的定义，正弦波的波峰因数为 $K_P = \sqrt{2}$，即定度系数的倒数。而方波的 $K_P = 1$，三角波的 $K_P = \sqrt{3}$。

均值电压表的原理相同，当用峰值电压表测量非正弦波电压时，其示值没有直接的物理意义。按照"示值相等峰值也相等"的原则，将示值除以定度系数 K_α 得到被测电压的峰值，再利用波峰因数换算成被测电压 $u_x(t)$ 的有效值 U_x。具体步骤如下：

$$U_P = \sqrt{2}U_a \tag{5-19}$$

$$U_x = \frac{1}{K_P}U_P = \frac{\sqrt{2}}{K_P}U_a \tag{5-20}$$

【例 5-2】　用峰值电压表分别测量方波和三角波电压，示值均为 10 V。求被测电压的有效值是多少伏？

解：（1）对于方波：

$$U_\alpha = 10 \text{ V}$$

$$U_P = \sqrt{2}U_a = 14.1 \text{ V}$$

$$U_x = \frac{1}{K_P}U_P = 14.1 \text{ V}$$

（2）对于三角波：

$$U_\alpha = 10 \text{ V}$$

$$U_P = \sqrt{2}U_a = 14.1 \text{ V}$$

$$U_x = \frac{1}{K_P}U_P = \frac{1}{\sqrt{3}} \times 14.1 \approx 8.2 \text{ V}$$

3. 有效值电压表

电压有效值的定义是

$$U = \sqrt{\frac{1}{T}\int_0^T u^2(t)\mathrm{d}t} \tag{5-21}$$

有效值检波器输出对应被测信号的有效值，即 $U_o(t) \propto U_x$；考虑有效值的定义，为方便也可使检波器输出对应被测信号有效值的平方，即 $U_o(t) \propto U_X^2$。可以有以下三种方案。

1）检波式有效值电压表

如果通过检波器来实现，就要求这种检波器具有平方律关系的伏安特性。图 5-20 给出一种基本电路形式。

图（a）利用二极管正向特性曲线的起始部分，得到近似平方关系。选择合适的偏压 E_0（大于被测电压 $u_x(t)$ 的峰值），可得到图（b）所示波形图。

设检波二极管 D 的检波系数为 k，则流过它的电流

$$i = k[E_0 + u_x(t)]^2 \tag{5-22}$$

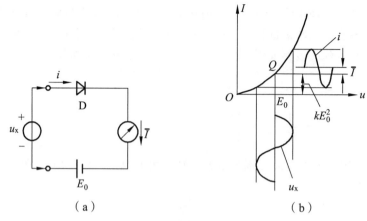

图 5-22　平方律特性的获得

直流电流表指针的偏转角与电流 I 的平均值 $\overline{I}$ 成正比：

$$\overline{I} = \frac{1}{T}\int_0^T i(t)\mathrm{d}t = \frac{1}{T}\int_0^T k\left[E_0 + u_x(t)\right]^2 \mathrm{d}t = kE_0^2 + 2kE_0\overline{U}_x + kU_x^2 \tag{5-23}$$

式中　kE_0^2——静态工作点电流，即无信号输入时的起始电流；

　　　$\overline{U}_x$——被测电压的平均值，对于正弦波或周期性对称的电压 $\overline{U}_x = 0$；

　　　kU_x^2——与被测电压有效值平方成比例的电流平均值（$\overline{I}$）。

先设法在电路中抵消起始电流，则送到直流电流表电流为

$$\overline{I} = kU_x^2 \tag{5-24}$$

从而实现了有效值转换。

用这种有效值响应检波器所构成的有效值电压表，在理论上可以测量任意周期性波形电压的有效值，不会产生波形误差。但当用正弦波电压有效值刻度时，表盘刻度是非线性的，因为 $\overline{I}$ 和 U_x 的平方成正比。

2）热电转换式有效值电压表

热电转换式电压表是实现有效值电压测量的一种重要方法。它利用具有热电变换功能的热电偶来实现有效值变换。

图 5-23 是热电转换电压表的示意图。图中，AB 为不易熔化的金属丝，称为加热丝，M 为热电偶，它由两种不同材料的导体连接而成，其交界面与加热丝耦合，故称"热端"，而 D、E 为"冷端"。当加入被测电压 u_x 时，热电偶的热端 C 点温度将高于冷端 D、E，产生热电动势，故有直流电流流过微安表。该电流正比于热电动势。因为热端温度正比于被测电压有效值 U_x 的平方，热电势正比于热、冷端的温度差，因而通过电流表的电流 I 将正比于 U_x^2。这就完成了被测交流电压有效值到热电偶电路中直流电流之间的变换，从广义来讲，也就完成了有效值检波。

图 5-24 所示为热电式有效值电压表简化组成方框图，它采用热电偶作为 AC/DC 变换元件。其中 M_1 为测量热电偶，M_2 为平衡热电偶。

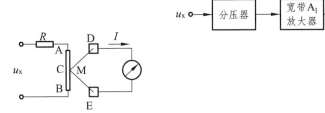

图 5-23 热电转换原理   图 5-24 热电式有效值电压表原理框图

被测电压 $u_x(t)$ 经宽带放大器放大后加到测量热电偶 M_1 的加热丝上，经热电变换得热电动势 E_x，它正比于被测电压有效值 U_x 的平方，即

$$E_x = K(A_1 U_x)^2$$

式中，A_1 为宽带放大器电压放大倍数；K 为热电偶转换系数。

平衡热电偶 M_2 与 M_1 的性能相同，其作用有二：一是使表头刻度线性化，二是提高热稳定性。在被测电压经放大后加到 M_1 的同时，经直流放大器放大后的输出电压也加到平衡热电偶 M_2 上，产生热电动势 $E_f = K U_{out}^2$。当直流放大器的增益足够高且电路达到平衡时，其输入电压 $U_{in} = E_x - E_f \approx 0$，即 $E_x = E_f$，所以 $U_{out} = A_1 U_x$。由此可知，如两个热电偶特性相同（即 K 相同），则通过图示反馈系统，输出直流电压正比于 $u_x(t)$ 的有效值 U_x。所以，表头示值与输入呈线性关系。

这种仪表的灵敏度及频率范围取决于宽带放大器的带宽及增益，表头刻度线性，基本没有波形误差。其主要缺点是有热惯性，使用时需等指针偏转稳定后才能读数，而且过载能力差，容易烧坏，使用时应注意。

3）计算式有效值电压表

交流电压的有效值即其均方根值。根据这一概念，利用模拟电路对信号进行平方、积分、开平方等运算即可得到测量结果。

图 5-25 所示为计算式转换器方框图。第一级为模拟乘法器；第二级为积分器；第三级对积分器的输出电压进行开方使输出电压大小与被测电压有效值成正比，从而得到最后测量结果。

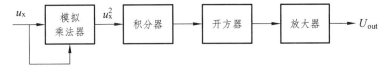

图 5-25 计算式有效值电压表方框图

五、数字电压表

数字电压表可简称为 DVM。这里只讨论用于测量直流电压的 DVM。加至 DVM 的直流电压可以是被测电压本身，也可以是被测交流电压经均值检波器转换的直流电压。

与模拟电压表相比，数字电压表有很多优点：量程范围宽，精度高，并以数字显示结果；

测量速度快；能向外输出数字信号，可与其他存储、记录、打印设备相连接；输入阻抗高，一般可达 10 MΩ 左右。目前数字电压表已经广泛用于电压的测量和仪表的校准。

1. DVM 的组成及主要类型

1）数字电压表（DVM）的组成

数字电压表的组成如图 5-26 所示，主要由模拟电路部分和数字电路部分组成。图中模拟部分包括输入电路（如阻抗变换器、放大器和量程转换器等）和 A/D 转换器。输入电路实现对输入电压的衰减、放大、变换等功能。A/D 转换器是数字电压表的核心，完成模拟量到数字量的转换，电压表的技术指标（如准确度、分辨率等）主要取决于这一部分电路。数字部分完成逻辑控制、译码（将二进制数字转换成十进制）和显示功能。逻辑控制电路实现在统一时钟作用下，内部电路的协调有序工作。

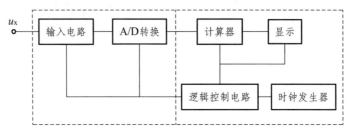

图 5-26　数字电压表的组成框图

2）数字电压表（DVM）的类型

除了将 DVM 分成直流 DVM 和交流 DVM 外，还可以根据 A/D 变换的基本原理进行分类。

比较型 A/D 转换器采用将输入模拟电压与离散标准电压相比较的方法，如具有闭环反馈系统的逐次比较式。

积分型 A/D 转换器是一种间接转换形式。它对输入模拟电压进行积分并转换成中间量时间 T 或频率 F，再通过计数器等将中间量转换成数字量。

比较型和积分型是 A/D 转换器的基本类型。由比较型 A/D 转换器构成的 DVM 测量速度快，电路比较简单，但抗干扰能力差。积分型 A/D 转换器构成的 DVM 突出优点是抗干扰能力强，主要不足是测量速度慢。

复合型 DVM 是将积分型与比较型结合起来的一种类型。随着电子技术的发展，新的 A/D 变换原理和器件不断涌现，推动 DVM 的性能不断提高。表 5-2 列出了三类 A/D 转换器的常见形式。

表 5-2　A/D 转换器的常见形式

比较式 （直接式）	闭环反馈比较式	逐次比较、计数比较、跟踪比较、再循环剩余比较式
	开环反馈比较式	并联比较、串联比较、串并联比较式
积分式 （间接式）	V/T 转换式	斜坡式、双斜积分式、三斜式、四斜式、多斜式
	V/F 转换式	电荷平衡式、复零式、交替积分式
复合式	V/T 比较式	两次取样式、三次取样式、电流扩展式
	V/F 比较式	两次取样式

A/D 转换器的原理可参考电子技术相关的内容与资料。

2. 数字电压表的主要工作特性

1）电压测量范围

（1）量程：DVM 的量程以其基本量程（即未经衰减和放大的量程）为基础，再和输入通道中的步进衰减器及输入放大器适当配合，向两端扩展来实现。量程转换有手动和自动两种，自动转换借助于内部逻辑控制电路来实现。

（2）显示位数：DVM 的位数指完整显示位，即能显示 0 ~ 9 十个数码的那些位。因此，最大显示为"9999"和"1 9999"的数字电压表都为四位数字电压表。但是为了区分起见，也常把最大显示为"1 9999"的数字电压表称作 $4\frac{1}{2}$ 位数字电压表。分数位的数值是以最大显示值中最高位数字为分子，用满程时最高位数字作分母。例如最大显示为"1 999"称作三又二分之一位或三位半，最大显示为"3 9999"称作四又四分之三位，最大显示为"4 99999"称作五又五分之四位。

（3）超量程能力：指 DVM 所能测量的最大电压超过量程值的能力，它是数字电压表的一个重要指标。数字式电压表有无超量程能力，要根据它的量程分挡情况及能够显示的最大数字情况决定。

显示位数全是完整位的 DVM，没有超量程能力。带有 1/2 位的数字电压表，如果按 2 V、20 V、200 V 分挡，也没有超量程能力。

带有 1/2 位并以 1 V、10 V、100 V 分挡的 DVM，才具有超量程能力。如 $5\frac{1}{2}$ 位的 DVM，在 10 V 量程上，最大显示 19.9999 V 电压，允许有 100%的超量程。

如果数字电压表的最大显示为 5.9999，如量程按 5 V、50 V、500 V 分挡，则允许有 20%超量程。

2）分辨力

分辨力指 DVM 能够显示输入电压最小变化值的能力，即显示器末位读数跳一个单位所需的最小电压变化值。在不同的量程上，分辨力是不同的。在最小量程上，DVM 具有最高分辨力。例如：$3\frac{1}{2}$ 位的 DVM，在 200 mV 最小量程上，可以测量的最大输入电压为 199.9 mV，其分辨力为 0.1 mV/字（即当输入电压变化 0.1 mV 时，显示的末尾数字将变化"1 个字"）。

3）测量误差

（1）工作误差：指额定条件下的误差，以绝对值形式给出。

（2）固有误差：指基准条件下的误差，常以下述形式给出：

$$\Delta U = \pm(\alpha\% \cdot U_x + \beta\% \cdot U_m) \tag{5-25}$$

式中　U_x——被测电压读数；

　　　U_m——该量程的满度值；

　　　α——误差的相对项系数；

$\alpha\%U_x$ ——读数误差，随被测电压而变化，与仪器各单元电路的不稳定性有关；

β ——误差的固定项系数，$\beta\%U_m$ 表示满度误差；对于给定的量程，$\beta\%U_m$ 是不变的。

有时满度误差又用与之相当的末位数字的跳变个数来表示，记为 $\pm n$ 个字，即在该量程上末位跳 n 个单位时的电压值恰好等于 $\beta\%U_m$。

【例 5-3】 用一种 4 位半 DVM 的 2 V 量程测量 1.2 V 电压。已知该电压表的固有误差为 $\Delta U = \pm(0.05\% \cdot U_x + 0.01\% \cdot U_m)$，求由于固有误差产生的测量误差。它的满度误差相当于几个字？

解： $4\frac{1}{2}$ 电压表最大显示数字为 "1 9999"，在 2 V 量程上测量的最大电压为 1.9999 V，则分辨力为 0.0001 V；

固有误差为 $\Delta U = \pm(0.05 \times 1.2 + 0.01\% \times 2) = 0.0008$ V

相当于 $\pm n = \pm\dfrac{0.01\% \times 2}{0.000\,1} = \pm 2$ 个字

（3）影响误差和稳定误差：已包括在工作误差内，有的也可能以附加误差的形式给出。

需要指出，分辨力与准确度属于两个不同的概念。前者表征仪表的"灵敏性"，即对微小电压的"识别"能力；后者反映测量的"准确性"，即测量结果与真值的一致程度。二者无必然的联系，因此不能混为一谈，更不得将分辨力误以为是类似于准确度的一项指标。实际上分辨力仅与仪表显示位数有关，而准确度则取决于 A/D 转换器等的总误差。从测量角度看，分辨力是"虚"指标（与测量误差无关），准确度才是"实"指标（代表测量误差的大小）。

因此，任意增加显示位数来提高仪表分辨力的方案是不可取的。通常在设计上，分辨力应高于准确度，保证分辨力不会制约可获得的准确度，以保证从读数中检测出小的变化量。

4）输入阻抗和输入电流

输入电阻一般不小于 10 MΩ，高准确度的可大于 1 000 MΩ，通常在基本量程时具有最大的输入电阻。目前，多数数字电压表的输入级用场效应管组成，在小量程上，其输入阻抗可高达 104 MΩ 以上，在大量程时（如 100 V、1000 V 等），由于使用了分压器，输入阻抗一般为 10 MΩ。输入电流是指由于仪器内部产生的表现于输入端的电流，应尽量使该电流减小。

5）抗干扰特性

按干扰作用在仪器输入端的方式分为串模干扰和共模干扰。一般串模干扰抑制比为 50 ~ 90 dB，共模干扰抑制比为 80 ~ 150 dB。

6）测量速率

测量速率是在单位时间内以规定的准确度完成的最大测量次数，每秒几次或几十次不等，它主要取决于 DVM 中所采用的 A/D 转换器的转换速率。一般规律是：测量速度越高的仪表，测量误差也大。

六、数字多用表

与普通的模拟式多用表相比，数字多用表（简称 DMM）的测量功能较多，它不但能测量直流电压、交流电压、交流电流、直流电流和电阻等参数，而且能测量信号频率、电容器

容量及电路的通断等。除以上测量功能外，还有自动校零、自动显示极性、过载指示、读数保持、显示被测量单位的符号等功能。它的基本测量方法以直流电压的测量为基础。测量时，先把其他参数变换为等效的直流电压 U，然后通过测量 U 获得所测参数的数值。

1. 数字多用表的基本原理

和模拟直流电压表前端配接检波器即可构成模拟交流电压表一样，在数字直流电压表前端接相应的交流/直流转换器（AC/DC）、电流/电压转换电路（I/V）、电阻/电压转换电路（Ω/V）等，就构成了数字多用表，如图 5-27 所示。可以看出，数字式多用表的核心是数字直流电压表。由于直流数字电压表是线性化显示的仪器，因此要求其前端配接的 AC/DC、I/V、Ω/V 等变换器也必须是线性变换器，即变换器的输出与输入呈线性关系。

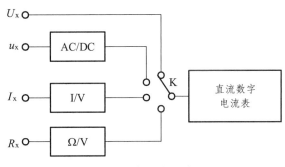

图 5-27　数字多用表组成原理图

1）线性 AC/DC 变换器

数字多用表中的线性 AC/DC 变换器主要有平均值 AC/DC 和有效值 AC/DC。有效值 AC/DC 可以采用前面介绍的热偶变换式和模拟计算式。平均值 AC/DC 通常利用负反馈原理以克服检波二极管的非线性，以实现线性 AC/DC 转换。图 5-28 所示为线性平均值检波器的原理，其中图（a）为由运算放大器构成的负反馈放大器，图（b）是半波线性检波电路。设运放的开环增益为 K，并假设其输入阻抗足够高（实际的运放一般能满足这一假设），则

$$\frac{u_o - u_i}{R_2} = \frac{u_i - u_x}{R_1} \tag{5-26}$$

$$u_0 = -ku_i \tag{5-27}$$

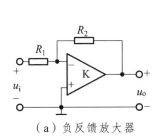
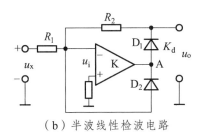
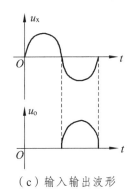

（a）负反馈放大器　　　　（b）半波线性检波电路　　　　（c）输入输出波形

图 5-28　线性检波原理图

传感检测与电子测量

解得

$$u_o = - \frac{KR_2}{R_2 + (1+K)R_1} u_x \tag{5-28}$$

一般 $K \gg 1$（通常 K 为 $105 \sim 108$），因此上式简化为

$$u_o \approx -\frac{R_2}{R_1} u_x \tag{5-29}$$

即由于反馈电阻 R_2 的负反馈作用，放大器的输出和输入呈线性关系，而与运放的开环增益无关。基于上述原理，分析图（b）电路的特性：在 U_x 负半周，A 点电压 U_A 为正值，D_1 导通，设 D_1 检波增益为 K_d，则 U_o 除以 $U_i = -K \cdot K_d$，由于 K 值很大，因而 $K \cdot K_d$ 值也很大，引入图（a）分析结论，此负半周 U_o 输出满足式（5-29），而与 K_d 变化基本无关，这就大大削弱了 D_1 伏安特性的非线性失真，而使输出 U_o 线性正比于被测电压 U_x。在 U_x 正半周，U_A 为负值，D_2 导通，D_1 截止，考虑运放的"虚短路"和"虚断路"特性，U_o 被箝位在 0 V。这样，图（b）就构成了线性半波检波器，输入输出波形如图（c）所示。为了提高检波器灵敏度，图（b）也可使用全波检波电路。在实际数字电压表的 AC/DC 变换器中，为了增加检波器输入阻抗，在其前面加接一级同相放大器（源极跟随器、射级跟随器），输出端加接一级有源低通滤波器以滤除交流成分，获得平均值输出，从而构成了如图 5-29 所示的线性平均值 AC/DC 变换器结构。

图 5-29　线性平均值 AC/DC 变换器

2）I/V 变换器

将直流电流 I_x 变换成直流电压最简单的方法，是让该电流流过标准电阻 R_S，根据欧姆定律，R_S 上端电压 $U_{Rs} = R_S \cdot I_x$，从而完成了 I/V 线性转换。为了减小对被测电路的影响，电阻 R_S 的取值应尽可能小。图 5-30 所示为两种 I/V 变换器的原理图。图（a）采用高输入阻抗同相运算放大器，不难算出输出电压 U_o 与被测电流 I_x 之间满足：

$$U_o = \left(1 + \frac{R_2}{R_1}\right) R_S \cdot I_x \tag{5-30}$$

当被测电流较小时（I_x 小于几个毫安），采用图（b）所示的转换电路，忽略运放输入端漏电流，输出电压 U_o 与被测电流 I_x 之间满足：

$$U_o = -R_S \cdot I_x \tag{5-31}$$

从而实现 I/V 变换。

3）Ω/V 变换器

实现 Ω/V 变换的方法有多种，图 5-31 所示为恒流法 Ω/V 变换器原理图。图中 R_x 为待测

电阻，R_S 为标准电阻，U_S 为基准电源，该图实质上是由运算放大器构成的负反馈电路，利用前面的分析方法，可以得到

$$U_o = \frac{U_S}{R_S} \cdot R_x \tag{5-32}$$

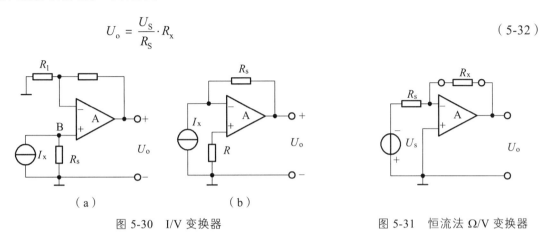

図 5-30　I/V 变换器　　　　　　　　　　図 5-31　恒流法 Ω/V 变换器

即输出电压与被测电阻成正比，$\dfrac{U_S}{R_S}$ 实质上构成了恒流源，改变 R_S，可以改变 R_x 的量程。

2. 数字多用表的特点

较之模拟式多用表，数字多用表除具有一般的 DVM 准确度高、数字显示、读数迅速准确、分辨力高、输入阻抗高、能自动调零、自动转换量程、自动转换及显示极性等优点外，还因采用了大规模集成电路，而具有体积小、可靠性好、测量功能齐全、操作简便等优点。有些数字多用表可以精确地测量电容、电感量、温度、晶体管的 hFE 等，大大地扩展了其使用功能。同时，数字多用表内部有较完善的保护电路，过载能力强。因此，数字多用表获得了越来越广泛的应用。但它也有不足之处，它不能反映被测量的连续变化过程，以及变化的趋势。例如，用它来观察电容器的充、放电过程，就不如用模拟电压表方便直观，它也不适于作电桥调平衡用的零位指示器。综上，尽管数字多用表具有许多优点，但它不可能完全取代模拟式多用表。

第三节　波形测量

示波器是一种用显示屏（即荧光屏、液晶屏）显示信号波形随时间变化过程（即波形测量）的电子测量仪器，能将人眼无法直接观察到的电信号以波形的形式显示在示波器显示屏上，而非电量也可以转换为电量通过示波器进行观察。示波器是一种应用极为广泛的电子测量仪器，它可以用来观察信号波形、测量信号的幅度、频率、时间、相位等，还可以测量电路网络的频率特性和伏安特性。

一、示波器概述

示波器主要用于观测电信号波形，测量电压电流的幅度、频率、时间、相位等电量参数，显示电子网络的频率特性，显示电子器件的伏安特性等。示波器具有以下几个基本特点。

（1）能显示信号波形，可测量瞬时值，具有直观性。

（2）输入阻抗高，对被测信号影响小。

（3）工作频带宽，速度快，便于观察高速变化的波形的细节。

（4）在示波器的荧光屏上可描绘出任意两个电压或电流量的函数关系。

示波器种类繁多、门类齐全，按技术原理主要分为模拟式和数字式，如图 5-32 所示。按性能和结构特点可以分为以下几类。

　　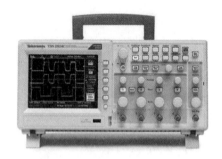

（a）模拟式示波器　　　　　　　　（b）数字式示波器

图 5-32　示波器

1. 通用示波器

通用示波器采用单束示波管，是频带较宽的示波器，常用的是双踪示波器。通用示波器的使用较为广泛，可对一般的电信号进行定性、定量的分析与测量。

2. 多束示波器

多束示波器采用多束示波管或单束示波管通过电子开关进行切换，前者称为多线示波器，后者成为多踪示波器，均能同时在屏幕上观察两个以上的信号波形。这对观察和比较两个以上的信号非常方便。

3. 取样示波器

取样示波器采用取样技术，先将高频信号转换为低频信号，再进行测量和观察。可通过 Y 通道扩展带宽，达到 1 000 MHz 以上，这样被测信号的周期大大展宽，便于观察信号的细微部分，对于测试高频信号极为方便。

4. 记忆示波器

这种示波器采用记忆示波管实现信息的存储，它除了具有通用示波器的功能外，还具有记忆功能。

5. 数字存储示波器

数字存储示波器借助于现代计算机技术和大规模集成电路实现对信号的存储,它能将捕捉到的信号经 A/D 转换后进行数字化,然后写入存储器。如需要读出,再经 D/A 转换还原成模拟信号,在示波管上显示出来。

二、波形显示原理

示波器的工作原理主要体现在如何实现将输入信号的幅度随时间变化的过程显示出来,下面就以模拟式示波器的波形显示原理为例进行介绍。

1. 示波管(CRT)

如图 5-33 所示,示波管主要由电子枪、偏转系统和荧光屏三部分组成。其工作原理是:由电子枪产生的高速电子束轰击荧光屏的相应部位产生荧光,而偏转系统则能使电子束产生偏转,从而改变荧光屏上光点的位置。

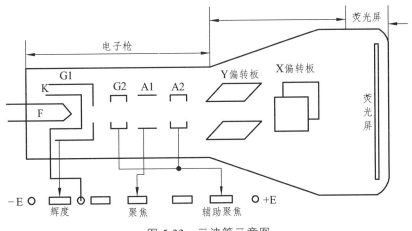

图 5-33　示波管示意图

1)电子枪

电子枪的作用是发射电子并形成很细的高速电子束。它由灯丝 F、阴极 K、栅极 G_1 和 G_2,以及阳极 A_1、A_2 组成。当电流流过灯丝后对阴极加热,阴极产生大量电子,并在后续电场作用下轰击荧光屏发光。

灯丝 F 用于对阴极 K 加热,加热后的阴极发射电子。

栅极 G_1 电位比阴极 K 低,对电子形成排斥力,使电子朝轴向运动,并且只有初速较高的电子能够穿过栅极奔向荧光屏。

调节栅极 G_1 的电位可控制射向荧光屏的电子流密度,从而改变荧光屏亮点的辉度。这种工作方式称为“辉度调制”。这个外加电信号的控制形成了除 X 方向和 Y 方向之外的三维图形显示,称为 Z 轴控制。

G_2、A_1、A_2 构成一个对电子束的控制系统,因 A_1 与 G_2、A_1 与 A_2 形成的电子透镜的作用向轴线聚拢，形成很细的电子束。如果电压调节得适当，电子束恰好聚焦在荧光屏 S 的中心点处。图 5-33 中 "聚焦"和"辅助聚焦"旋钮所对应的是两个电位器，调节这两个旋钮使得电子束具有较细的截面射到荧光屏上，以便在荧光屏上显示出清晰的聚焦很好的波形曲线。

2）偏转系统

示波管的偏转系统由两对相互垂直的平行金属板组成，分别称为垂直（Y）偏转板和水平（X）偏转板，偏转板在外加电压信号的作用下使电子枪发出的电子束产生偏转。

当偏转板上没有外加电压时，电子束打向荧光屏的中心点；如果有外加电压，则在偏转电场作用下，电子束打向由 X、Y 偏转板共同决定的荧光屏上的某个坐标位置。也就是说，当 X 、Y 偏转板加不同电压时，荧光屏上的亮点可以移动到屏面上的任一位置。

对于设计定型后的示波器偏转系统，定义比例系数 S_y 为示波管的 Y 轴偏转灵敏度（单位符号为 cm/V），$D_y = 1/S_y$ 为示波管的 Y 轴偏转因数（单位符号为 V/cm 或 V/div）。垂直偏转距离与外加垂直偏转电压成正比：

$$y = S_y V_y \tag{5-33}$$

3）荧光屏

在荧光屏的玻壳内侧涂上荧光粉，就形成了荧光屏。当电子束轰击荧光粉时，激发产生荧光形成亮点。不同成分的荧光粉，发光的颜色不尽相同，一般示波器选用人眼最为敏感的黄绿色。

荧光粉从电子激发停止时的瞬间亮度下降到该亮度的 10% 所经过的时间称为余辉时间。将余辉时间分为长余辉（100 ms～1 s）、中余辉（1 ms～100 ms）和短余辉（10 μs～10 ms）的不同规格。普通示波器需采用中余辉示波管，而慢扫描示波器则采用长余辉示波管。

2. 波形显示的基本原理

为了显示电信号的波形，通常在水平偏转板上加一线性锯齿波扫描电压 u_x，该扫描电压将 Y 方向所加信号电压 u_y 作用的电子束在屏幕上按时间沿水平方向展开，形成一条"信号电压-时间"曲线，即信号波形。

如图 5-34 所示，Y 偏转极板加正弦波电压，X 偏转极板加锯齿波电压。"0—1""1—2""2—3""3—4"时，光点在同时受到水平和垂直偏转板的作用下移动。当时间为"0"时（锯齿波电压的最大负值），光点出现在荧光屏上最左侧的"0"点；当时间为"1"时，光点出现在屏幕第 II 象限的最高点"1"点；当时间为"2"时，此时锯齿波电压和正弦波电压均为 0，光点将会出现在屏幕中央的"2"点；当时间为"3"时，正弦波的负半周与正半周类似，此时正弦波电压为负半周到负的最大值，光点出现在屏幕第 IV 象限的最低点"3"点；当时间为"4"时，锯齿波电压和正弦波电压均为零，

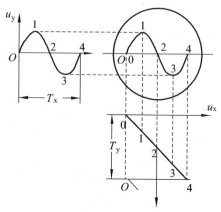

图 5-34　波形显示原理图

光点将会出现在屏幕的第"4"点。

以后，在被测信号的第二个周期、第三个周期等都将重复第一个周期的情形，光点在荧光屏上描出的轨迹也将重叠在第一次描出的轨迹上，因此，荧光屏显示的是被测信号随时间变化的稳定波形。

3. 同步的概念

当扫描电压的周期是被观测信号周期的整数倍时，即 $T_x = nT_y$（n 为正整数），称扫描电压与被测电压"同步"，则每次扫描的起点都对应在被测信号的同一相位点上，这就使得扫描的后一个周期描绘的波形与前一周期完全一样，每次扫描显示的波形重叠在一起，在荧光屏上可得到清晰而稳定的波形，如图 5-35 所示。

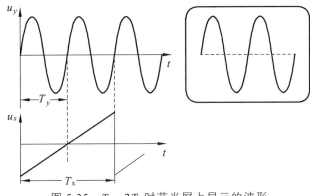

图 5-35　$T_x = 2T_y$ 时荧光屏上显示的波形

如果不满足同步关系，则后一扫描周期描绘的图形与前一扫描周期的图形不重合，显示的波形是不稳定的，如图 5-36 所示。

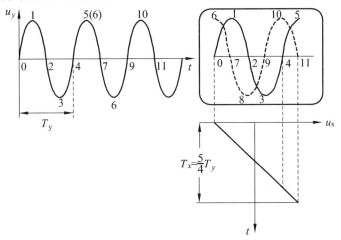

图 5-36　扫描电压与被测电压不同步时显示波形出现晃动

三、示波器的组成原理

模拟式通用示波器主要由示波管、垂直通道和水平通道三部分组成。此外，还包括电源电路及校准信号发生器。下面就重点以垂直通道为例介绍一下示波器的组成原理(见图 5-37)。

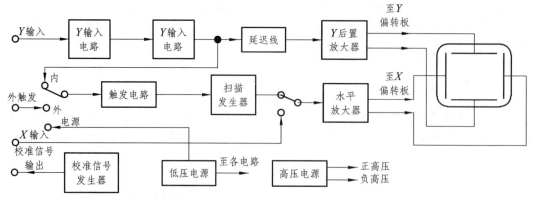

图 5-37　通用示波器的组成框图

1. 垂直通道

垂直通道的作用就是将输入的被测信号进行衰减或线性放大后，输出符合示波器偏转要求的信号，以推动垂直偏转板，使被测信号在屏幕上显示出来。垂直通道的构成包括输入电路、Y 前置放大器、延迟线和 Y 后置放大器等。

1) 输入电路

输入电路主要是由探头、衰减器和输入选择开关构成的。

探头里有一可调的小电容 C（5～10 pF）和大电阻 R 并联，调整补偿电容 C 可以得到最佳补偿。一般常用的无源探头的衰减系数有 1∶1 和 10∶1 两种，10∶1 表示通过探头后将输入信号幅度衰减了 10 倍。

衰减器的作用是衰减输入信号，进行频率补偿。面板上用 "V/cm" 标记的开关改变分压比从而改变示波器的偏转灵敏度。

输入选择开关控制输入耦合方式，输入耦合方式设有 AC、GND、DC 三挡选择开关。置 "AC" 挡时，适于观察交流信号；置于 "GND" 挡时，用于确定零电压；置于 "DC" 挡时，用于观测频率很低的信号或带有直流分量的交流信号。

2) 前置放大器

前置放大器可将信号适当放大，从中取出内触发信号，并具有灵敏度微调、校正、Y 轴移位、极性反转等作用。

Y 前置放大器大都采用差分放大电路，若在差分电路的输入端输入不同的直流电位，相应的 Y 偏转板上的直流电位和波形在 Y 方向的位置就会改变。利用这一原理，可通过调节直流电位，即调节 "Y 轴位移" 旋钮改变被测波形在屏幕上的位置，以便定位和测量。

3) 延迟线

延迟线的作用是把加到垂直偏转板上的脉冲信号延迟一段时间，使信号出现的时间滞后于扫描开始时间，保证在屏幕上扫描出包括上升时间在内的脉冲全过程。

延迟线只起时间延迟的作用，而对输入信号的频率成分不会丢失。因此，一般说来，延迟线的输入级需采用低输出阻抗电路驱动，而输出级则采用低输入阻抗的缓冲器。

4）后置放大器

后置放大器功能是将延迟线传来的被测信号放大到足够的幅度，用以驱动示波管的垂直偏转系统，使电子束获得 Y 方向的满偏转。放大器应具有稳定的增益、较高的输入阻抗、足够宽的频带、较小的谐波失真。

2. 水平通道

水平通道的作用就是产生随时间线形变化的扫描电压，再放大到足够的幅度，然后输出到水平偏转板，使光点在荧光屏的水平方向达到满偏转，形成时间基线。水平通道包括触发电路、扫描电路和水平放大器等部分。

3. 校准信号发生器

校准信号发生器可产生幅度和频率准确的基准方波信号，为仪器本身提供校准信号源，以便随时校准示波器的垂直灵敏度和扫描时间因数。

4. 电子开关

电子开关按分时复用的原理，分别把多个垂直通道的信号轮流接到垂直偏转板上，最终实现多个波形的同时显示。多踪示波器实现简单，成本也较低，因而得到了广泛使用。双踪示波器的垂直通道工作原理如图 5-38 所示。

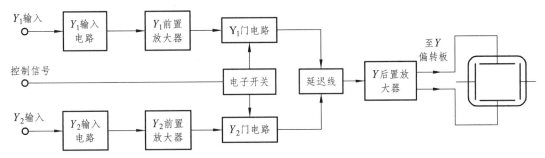

图 5-38　双踪示波器的垂直通道原理框图

双踪示波器的 Y 通道中设置了两套相同的输入和前置放大器，两个通道的信号都经过电子开关控制的门电路，只要电子开关的切换频率满足人眼的滞留要求，就能同时观察到两个被测波形而无闪烁感。根据电子开关工作方式的不同，双踪示波器有 5 种显示方式。

（1）"Y1"通道（CH1）：接入 Y1 通道，单踪显示 Y1 的波形。

（2）"Y2"通道（CH2）：接入 Y2 通道，单踪显示 Y2 的波形。

（3）叠加方式（CH1+CH2）：两通道同时工作，Y1、Y2 通道的信号在公共通道放大器中进行代数相加后送入垂直偏转板，实现两信号的"和"或"差"的功能。

（4）交替方式（ALT）：第一次扫描时接通 Y1 通道，第二次扫描时接通 Y2 通道，交替地显示 Y1、Y2 通道输入的信号。该方式适合于观察高频信号。

（5）断续方式（CHOP）：断续方式是在一个扫描周期内，高速地轮流接通两个输入信号，被测波形由许多线段时续地显示出来。该方式适用于被测信号频率较低的情况。

四、数字示波器

数字示波器，又称数字存储示波器。数字示波器采用数字电路，将输入信号先经过 A/D 变换器，将模拟波形变换成数字信息，存储于数字存储器中。需要显示时，再从存储器中读出，通过 D/A 变换器，将数字信息变换成模拟波形显示在示波管上，或是直接将数字信号显示于 LCD 屏上。

1. 数字存储示波器的组成原理

一个典型的数字存储示波器组成原理如图 5-39 所示，它有实时和存储两种工作模式。当处于实时工作模式时，其电路组成原理与一般模拟示波器一样。当处于存储工作模式时，它的工作过程一般分为存储和显示两个阶段。在存储工作阶段，模拟输入信号先经过适当的放大或衰减，然后再经过"取样"和"量化"两个过程的数字化处理，将模拟信号转换成数字化信号，最后，数字化信号在逻辑控制电路的控制下依次写入 RAM 中。

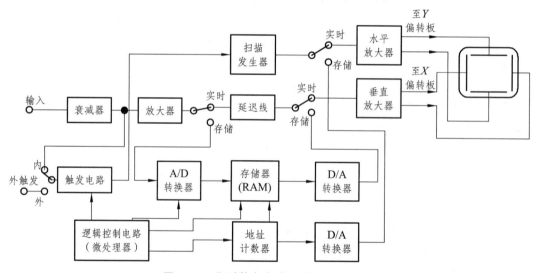

图 5-39　典型数字存储示波器原理框图

在显示工作阶段，将数字信号从存储器中读出，并经 D/A 转换器转换成模拟信号，经垂直放大器放大加到 CRT 的 Y 偏转板。与此同时，CPU 的读地址计数脉冲加至 D/A 转换器，得到一个阶梯波扫描电压，加到水平放大器放大，驱动 CRT 的 X 偏转板，从而实现在 CRT 上以稠密的光点包络重现模拟输入信号。

将数字存储技术和 CPU 微处理器用于取样示波器，可以构成存储取样示波器。

目前，数字示波器一般利用信号采集处理技术，组成上采用多处理器方式，实现软硬结合。

2. 数字示波器的特点

（1）波形的采样/存储与波形的显示是独立的。在存储工作阶段，对快速信号采用较高的速率进行取样和存储，对慢速信号采用较低速率进行取样和存储，但在显示工作阶段，其读出速度可以采用一个固定的速率，不受取样速率的限制，因而可以获得清晰而稳定的波形。

（2）能长时间地保存信号。数字存储示波器是把波形用数字方式存储起来，其存储时间在理论上可以是无限长。

（3）先进的触发功能。它不仅能显示触发后的信号，而且能显示触发前的信号，并且可以任意选择超前或滞后的时间。

（4）测量准确度高。数字存储示波器由于采用晶振作高稳定时钟，有很高的测时准确度，采用高分辨率 A/D 转换器也使幅度测量准确度大大提高。

（5）很强的数据处理能力。数字存储示波器内含微处理器，因而能自动实现多种波形参数的测量与显示。还具有自检与自校等多种自动操作功能。

（6）外部数据通信接口。数字存储示波器可以很方便地将存储的数据送到计算机或其他的外部设备，进行更复杂的数据运算和分析处理。还可以通过 GPIB 接口与计算机一起构成自动测试系统。

3. 数字示波器的主要技术指标

1）最高取样速率

最高取样速率指单位时间内取样的次数，也称数字化速率，用每秒钟完成的 A/D 转换的最高次数来衡量。取样速率越高，仪器捕捉高频或快速信号的能力越强。

数字存储示波器在测量时刻的实时取样速率可根据被测信号所设定的扫描时间因数（t/div，即扫描一格所用的时间）来推算。

2）存储带宽

存储带宽与取样速率 f_s 密切相关。根据取样定理，如果取样速率大于或等于信号频率的 2 倍，便可重现原信号。实际上，为保证显示波形的分辨率，一般 N 取 4～10 倍或更多，即存储带宽。

3）分辨率

分辨率指示波器能分辨的最小增量。它包括垂直分辨率（电压分辨率）和水平分辨率（时间分辨率）。垂直分辨率与 A/D 转换器的分辨率相对应，常以屏幕每格的分级数（级/div）或百分数来表示。水平分辨率由取样速率和存储器的容量决定，常以屏幕每格含多少个取样点或用百分数来表示。取样速率决定了两个点之间的时间间隔，存储容量决定了每屏包含的点数。

4）存储容量

存储容量又称记录长度，它由采集存储器（主存储器）的最大存储容量来表示，常以字（word）为单位。

5）读出速度

读出速度是指将数据从存储器中读出的速度，常用"（时间）/div"来表示。

五、示波器的基本测量方法

1. 测量电压

1）直流电压的测量

示波器测量直流电压的原理是利用被测电压在屏幕上呈现一条直线，该直线偏离时间基线（零电平线）的高度与被测电压的大小成正比的关系进行的。

被测直流电压值 V_{DC} 为

$$V_{DC} = h \times D_y \times k \qquad (5-34)$$

式中，h 为被测直流信号线的电压偏离零电平线的高度；D_y 为示波器的垂直灵敏度；k 为探头衰减系数。

测量方法如下：

（1）首先应将示波器的垂直偏转灵敏度微调旋钮置于校准位置（CAL）。

（2）将待测信号送至示波器的垂直输入端。

（3）确定零电平线。将示波器的输入耦合开关置于"GND"位置，调节垂直位移旋钮，将荧光屏上的扫描基线（零电平线）移到荧光屏的中央位置。

（4）确定直流电压的极性。调整垂直灵敏度开关到适当位置，将示波器的输入耦合开关拨向"DC"挡，观察此时水平亮线的偏转方向，若位于前面确定的零电平线上，则被测直流电压为正极性；若向下偏转，则为负极性。

（5）读出被测直流电压偏离零电平线的距离 h。

（6）根据公式计算被测直流电压值。

2）交流电压的测量

使用示波器测量交流电压的最大优点是可以直接观测到波形的形状，还可显示其频率和相位，但是，只能测量交流电压的峰-峰值。被测交流电压值 V_{PP}（峰-峰值）为

$$V_{PP} = H \cdot D_y \cdot K \qquad (5-35)$$

式中，H 为被测交流电压波峰和波谷的高度或任意两点间的高度；D_y 为示波器的垂直灵敏度；K 为探头衰减系数。

测量方法如下：

（1）首先应将示波器的垂直偏转灵敏度微调旋钮置于校准位置（CAL）。

（2）将待测信号送至示波器的垂直输入端。

（3）将示波器的输入耦合开关置于"AC"位置。

（4）调节扫描速度，使显示的波形稳定。

（5）调节垂直灵敏度开关，使荧光屏上显示的波形适当，记录 D_y 值。

（6）读出被测交流电压波峰和波谷的高度或任意两点间的高度 H。

（7）根据式（5-35）计算被测交流电压的峰-峰值。

2. 测量时间和频率

对于周期性信号，周期和频率互为倒数，只要测出其中一个量，另一个参量可通过公式求出。被测交流信号的周期 T 为

$$T = x \cdot D_x / k \tag{5-36}$$

式中，x 为被测交流信号的一个周期在荧光屏水平方向所占距离；D_x 为示波器的扫描速度；k 为 x 轴扩展倍率开关。

测量方法如下：

（1）首先将示波器的扫描速度微调旋钮置于"校准"（CAL）位置。

（2）将待测信号送至示波器的垂直输入端。

（3）将示波器的输入耦合开关置于"AC"位置。

（4）调节扫描速度开关，使显示的波形稳定，并记录值。

（5）读出被测交流信号的一个周期在荧光屏水平方向所占的距离 x。

（6）根据上式计算被测交流信号的周期。

此外，示波器还可以测量信号的时间间隔、上升时间或下降时间，可以测量两路信号的相位差。另外，利用示波器 X 和 Y 通道分别输入被测信号和一个已知信号，调节已知信号的频率使屏幕上出现稳定的图形，根据已知信号的频率（或相位）便可求得被测信号的频率（或相位），这种方法称为李沙育图形法。

第四节　时间频率测量

时间是七个基本国际单位之一，时间、频率是极为重要的物理量，在通信、航空航天、武器装备、科学试验、医疗、工业自动化等民用和军事方面都存在时频测量。目前，在电子测量中，时间和频率的测量精确度是最高的，在检测技术中，常常将一些非电量或其供电参量转换成频率进行测量。另外，在现代信息传输和处理中，在电磁波频谱资源利用的技术活动中，对频率源的准确度和稳定度提出了越来越高的要求，也大大促进了时间频率测量技术的发展。频率的测量方法有很多种，其中数字化电子计数器法是时间、频率测量的主要方法。

一、电子计数器概述

电子计数器是利用数字电路技术输出给定时间内所通过的脉冲数并显示计数结果的数字化仪器。电子计数器工作原理可以看作被测时频与标准时标进行比较的过程，充分体现了测量的实质。

1. 时间与频率标准

1）天文时标

天文时标中的世界时，是以地球自转为依据，将 1/86 400 天定义为 1 s，准确度为 10^{-7} 量级，修正后可达 3×10^{-9}。历书时以地球绕太阳公转为依据，将 1/31 556 925.9747 年定义为 1 s，准确度为 1×10^{-9}，1960 年，第 11 届国际计量大会将其接受为"秒"的标准。

2）原子时标

原子在能级跃迁中将吸收或辐射频率恒定的电磁波，是原子时标的理论基础。常用于原子频标的原子为铯（Cs133）、铷（Rb87）、氢，它们在两个能级之间跃迁将吸收或释放能量，对应的跃迁频率分别为 9.192 GHz、6.834 GHz、1.420 GHz，都在微波段，应用方便。1967 年 10 月，第 13 届国际计量大会定义：秒是 Cs133 原子基态的两个超精细结构能级之间跃迁频率相应的射线束持续 9 192 631 770 个周期的时间。其准确度可达 10^{-15}，相当于数百万年误差只有 ±1 s。

作为原子频率标准的原子钟是原子时标的实物仪器，用于时间、频率标准的发布和比对，2016 年，我国发射成功的天宫二号空间实验室搭载的冷原子钟做到了 3000 万年误差小于 1 s。

3）石英晶体振荡器

石英晶体振荡器作为时间频率标准具有稳定性高、受外界影响小等特点，常应用于电子计数器、通信发射机、频率合成器等方面。晶体振荡器作为电子计数器的内部基准，一般要求高于测量准确度的一个数量级（10 倍）。其输出频率为 1 MHz、2.5 MHz、5 MHz、10 MHz 等，普通晶振稳定度为 10^{-5}，恒温晶振可达 $10^{-7} \sim 10^{-9}$。

2. 电子计数器的分类

根据仪器所具有的功能，电子计数器有通用计数器和专用计数器之分。

通用计数器是一种具有多种测量功能、多种用途的电子计数器。它可以测量频率、周期、时间间隔、频率比、累加计数、计时等；配上相应的插件，还可以测量相位、电压等。一般我们把具有测频和测周两种以上功能的电子计数器都归类为通用计数器。

专用计数器是指专门用于测量某种单一功能的电子计数器。例如，专门用于测量高频和微波频率的频率计数器、用以测量时间的时间计数器和具有某种特殊功能的特种计数器。时间计数器测时分辨率很高，可达到纳秒量级；特种计数器如可逆计数器、预置计数器、差值计数器等，主要用于工业自动化方面。

电子计数器按测量范围可分为低速计数器（低于 10 MHz）、中速计数器（10 ~ 100 MHz）、高速计数器（高于 100 MHz）、微波计数器（1 ~ 80 GHz）。

二、通用电子计数器的测量原理

1. 频率的测量

电子计数器测频是严格按照频率的定义进行的。它在某个已知的标准时间间隔 T 内，测出被测信号重复的次数 N，然后由公式 $f_x = \dfrac{N}{T}$ 计算出频率。

测量的原理框图如图 5-40 所示，频率为 f_x 的被测信号，由 A 通道输入，经放大整形后输往闸门（主门）。晶振产生频率准确度和稳定度都非常高的振荡信号，经分频电路逐级分频之后，可获得各种标准时间脉冲信号（简称时标）。通过闸门时间选择开关将所选时标信号加到门控双稳，再经门控双稳形成控制闸门启、闭作用的时间 T（称闸门时间），则在所选闸门时间 T 内主门开启，被测信号通过主门进入计数器计数。若计数器计数值为 N，则被测信号的频率 $f_x = \dfrac{N}{T}$。

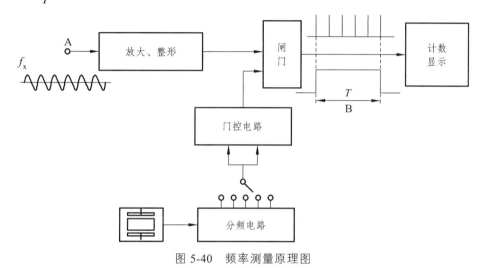

图 5-40　频率测量原理图

仪器闸门时间 T 的选择一般都设计为 10^n s（n 为整数），并且闸门时间的改变与显示屏上小数点位置的移动同步进行，故使用者无须对计数结果进行换算，即可直接读出测量结果。例如，被测信号频率为 100 kHz，闸门时间选 1 s 时，$N = 100\ 000$，显示为 100.00 kHz；若闸门时间选 100 ms，则 $N = 10\ 000$，显示为 100.00 kHz。测量同一个信号频率时，闸门时间增加，测量结果不变，但有效数字位数增加，提高了测量精确度。

2. 周期的测量

周期是频率的倒数，因此，测量周期时可以把测量频率时的计数信号和门控信号的来源相对换来实现。如图 5-41 所示，周期为 T_x 的被测信号由 B 通道进入，经 B 通道放大整形后，再经门控双稳输出作为闸门启闭的控制信号，使闸门仅在被测周期 T_x 时间内开启。晶振输出的信号经倍频和分频得到了一系列的时标信号，通过时标选择开关，所选时标经 A 通道送往闸门。在闸门的开启时间内，时标进入计数器计数。若所选时标为 T_0，计数器计数值为 N，则被测信号的周期为：$T_x = NT_0$。

由于 T_0（f_0）为常数，因此 T_x 正比于 N。T_0 通常设计为 10^n s（n 为整数），配合显示屏上小数点的自动定位，可直接读出测量结果。

例如，某通用计数器时标信号 $T_0 = 0.1$ μs（$f_0 = 10$ MHz），测量周期 T_x 为 1 ms 的信号，得到 $N = T_x/T_0 = 10\ 000$，则显示结果为 1 000.0 μs。

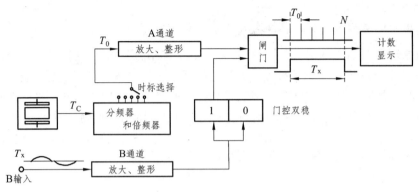

图 5-41　周期测量原理图

如果被测周期较短，为了提高测量精确度，还可采用多周期法（又称周期倍乘），即在 B 通道和门控双稳之间加设分频器（设分频系数为 K_f），这样使被测周期得到倍乘即闸门的开启时间扩展 K_f 倍。若周期倍乘开关 K_f 选为 $\times 10^n$，则计数器所计脉冲个数将扩展 10^n 倍，所以被测信号的周期应为

$$T_x = \frac{NT_0}{10^n} \tag{5-37}$$

周期倍乘率（K_f）的改变与显示屏上小数点位置的移动同步进行，故使用者无须对计数结果进行换算，即可直接读出测量结果。例如，前例中若采用多周期法，设周期倍乘率选 10^2，则计数结果 N' 为 1 000 000，显示结果为 1 000.000 μs。测量结果不变，但有效数字位数增加了，测量精确度提高了。

3. 频率比的测量

如图 5-42 所示，当 $f_A > f_B$ 时，被测信号 f_B 由 B 通道输入，经放大整形后控制闸门的启闭，门控信号的脉宽等于 B 通道输入信号的周期；而被测信号 f_A 由 A 通道输入，经放大整形后作为计数脉冲，在闸门开启时送至计数器计数。计数结果为

$$N = \frac{T_B}{T_A} = \frac{f_A}{f_B} \tag{5-38}$$

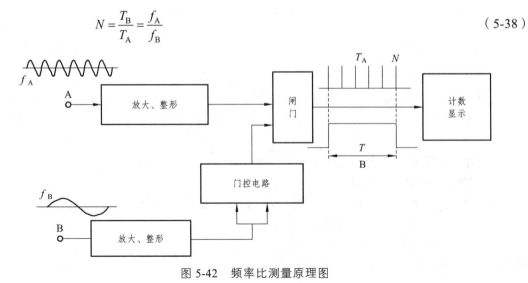

图 5-42　频率比测量原理图

为了提高测量精确度，也可采用类似多周期的测量方法，即在 B 通道后加设分频器，对 f_B 进行 K_f 次分频，使主门开启的时间扩展 K_f 倍，于是

$$N' = \frac{K_f T_B}{T_A} = K_f \frac{f_A}{f_B} \tag{5-39}$$

4. 时间间隔的测量

测量时间间隔的原理框图如图 5-43（a）所示，测量时间间隔时，利用 B、C 输入通道分别控制门控电路的启动和复原。在测量两个输入脉冲信号 u_1 和 u_2 之间的时间间隔（双线输入）时，将工作开关 S 置"分"位置，把时间超前的信号加至 B 通道，用于启动门控电路；另一个信号加至 C 通道，用于使门控电路复原。

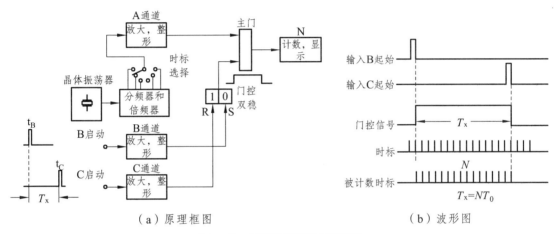

（a）原理框图　　　　　　（b）波形图

图 5-43　时间间隔测量原理图

测量时，B 通道的输出脉冲较早出现，触发门控双稳开启主门，开始对时标信号 T_0 计数；较迟出现的 C 通道的输出脉冲使门控电路复原，关闭主门，停止对 T_0 计数，有关波形如图 5-43（b）所示。主门开启期间计数器的计数结果 N 与两脉冲信号间的时间间隔 t_d 的关系为

$$t_d = N T_0 \tag{5-40}$$

为了适应测量的需要，在 B、C 通道间设置工作开关（"单独"与"公共"），在 B、C 通道内分别设置有斜率（极性）选择和触发电平调节功能。根据所要测量的时间间隔所在点的信号极性和电平的特征来选择触发极性和触发电平，就可以在被测时间间隔的起点和终点所对应的时刻决定主门的启闭。

当需要测量一个脉冲信号内的时间间隔时，将工作开关置于"公共"的位置，两通道输入并联，被测信号由此公共输入端输入。调节两个通道的触发极性和触发电平，可测量脉冲信号的脉冲宽度、上升时间、下降时间等参数。

如要测量某正脉冲的脉宽，将 B 通道触发极性选择为"＋"，C 通道触发极性选择为"－"，调节两通道触发电平均为脉冲幅度的 50%，则计数结果即为脉宽值。如果要测量正脉冲的上

升时间，则将两通道的极性均选择为"＋"，调节 B 通道的触发电平到脉冲幅度的 10%处，调节 C 通道的触发电平到脉冲幅度的 90%处，计数结果即为该脉冲的上升时间。

通用电子计数器除了具有以上几种测量功能外，通过人工控制门控电路的启闭，还可以进行累加计数。在正式测量前，为了检验仪器工作是否正常，一般电子计数器都设有自校功能，原理与测量频率基本相同。

三、通用电子计数器的组成原理

如图 5-44 所示，通用计数器主要由输入通道、主门电路、计数与显示电路、时基产生电路、控制电路等部分组成。

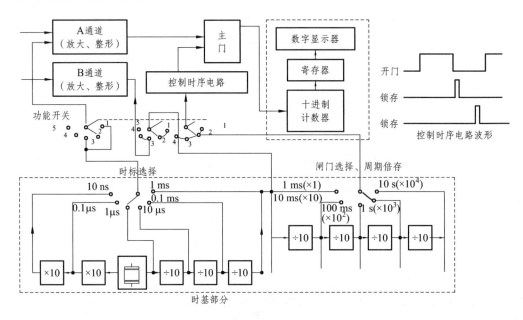

图 5-44 电子计数器组成原理框图

1. 输入通道

输入通道的作用是将被测信号进行放大、整形，使其变换为标准脉冲。输入通道部分包括 A、B（C）两个主要通道，它们均由衰减器、放大器和整形电路等组成。凡是需要计数的外加信号（如测频信号），均由 A 输入通道输入，经过 A 通道适当的衰减、放大整形之后，变成符合主门要求的脉冲信号。而 B 输入通道的输出与一个门控双稳相连，如果需要测量周期，则被测信号就要经过 B 输入通道输入，作为门控双稳的触发信号。

由前面的时间间隔测量原理可知，C 输入通道与 B 输入通道组成相同，通道组合可完成不同的测量功能。被计数的信号通道（常从 A 通道输入）称为计数端；控制闸门开启的信号通道（常从 B、C 通道输入）称为控制端。从计数端输入的信号有：被测信号（f_x）、内部时标信号等；从控制端输入的信号有：闸门信号、被测信号（T_x）等。

2. 主门电路

主门又称闸门，是用于实现量化的比较电路，它可以控制计数脉冲信号能否进入计数器。主门电路是一个双输入端逻辑与门。它的一个输入端接受来自控制单元中门控双稳态触发器的门控信号，另一个输入端则接受计数（脉冲）信号。如图 5-45 所示，在门控信号作用有效期间，允许计数（脉冲）通过主门进入计数器计数。

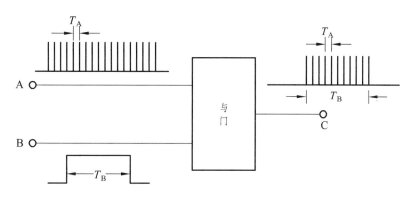

图 5-45　主门电路原理示意图

3. 计数与显示电路

计数与显示电路是用于对来自主门的脉冲信号进行计数，并将计数的结果以数字的形式显示出来。为了便于读数，计数器通常采用十进制计数电路。带有微处理器的仪器也可用二进制计数器计数，然后转换成十进制并译码后再进入显示器。

4. 时基产生电路

时基产生电路主要由晶体振荡器、分频及倍频器组成。时基产生电路主要用于产生测频时的门控信号和时间测量时的时标信号。时基信号由内部晶体振荡器通过倍频或分频得到，再通过门控双稳态触发器得到门控信号，例如，若 $f_c = 1\,\text{MHz}$，经 10^6 分频后，可得到 $f_s = 1\,\text{Hz}$（周期 $T_s = 1\,\text{s}$）的时基信号，再经过门控双稳态电路得到宽度为 $T_s = 1\,\text{s}$ 的门控信号。

门控信号和时标作为计数器频率和时间测量的本地工作基准，应当具有高稳定度和高准确度。为了适应计数器较宽的测量范围，要求闸门时间和时标可多挡选择。常用闸门时间有：1 ms、10 ms、100 ms、1 s、10 s；常用的时标有：10 ns、100 ns、1 μs、10 μs、100 μs、1 ms。

5. 控制电路

控制电路的作用是产生门控信号、寄存信号和复零信号三种控制信号，使仪器的各部分电路按照复零→测量→显示的流程有条不紊地自动进行测量工作。控制单元中包括门控双稳态电路，它输出的门控信号用于控制主门的开闭，在触发脉冲作用下双稳态电路发生翻转。通常以一个输入脉冲开启主门，另一路输入脉冲信号使门控双稳复原，关闭主门。

四、通用电子计数器的测量误差

1. 误差来源

1）量化误差（最大计数误差）

量化误差也称最大计数误差或 ±1 误差，它是由通用计数器各测量功能在主门的开启时刻与计数脉冲的时间关系的随机性和不相关性造成的。如图 5-46 所示，同一信号在相同的主门开启时间内两次测量所记录的脉冲数 N 可能是不一样的，其结果可能为 N，也可能为 $N+1$ 或者是 $N-1$。由此可见，最大计数误差 $\Delta N = \pm 1$，该项误差使仪器最后的显示结果会有一个字的闪动。

$$\frac{\Delta N}{N} = \pm \frac{1}{N} \tag{5-41}$$

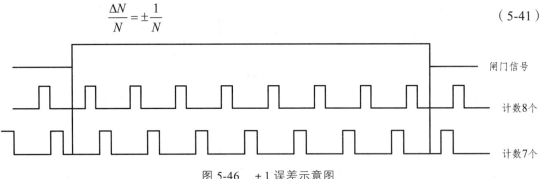

图 5-46　±1 误差示意图

在测频率、测周期、测频率比等功能中，主门开启信号与通过主门被计数信号的时间关系不相关，都存在该项误差。但在自校功能中，时标信号和闸门时间信号来自同一信号源，应不存在 ±1 误差。最大计数误差的特点是：不管计数 N 是多大，ΔN 的最大值都为 ±1。因此，为了减少最大计数误差对测量精度的影响，在仪器使用中所采取的技术措施是：尽量使计数值 N 大，使 $\Delta N/N$ 误差相应减少。例如在测频时，应尽量选用大的闸门时间；在测周时，应尽量选用小的时标信号，必要时使用周期倍乘率开关，进行多周期平均测量。

2）触发误差

当进行周期等功能的测量时，门控双稳的门控信号由通过 B 通道的被测信号所控制。当无噪声干扰时，主门开启时间刚好等于一个被测信号的周期 T_x。如果被测信号受到干扰，当信号通过 B 通道时，将会使整形电路（施密特触发器）出现超前或滞后触发，致使整形后波形的周期与实际被测信号的周期偏离 ΔT_x，引起所谓的触发误差（或转换误差）。

3）标准频率误差

标准频率误差在测频时取决于闸门时间的准确度，在测周时取决于时标的准确度。由于闸门时间和时标均由晶体振荡器多次倍频或分频获得，因此，通用计数器有关功能的标准频率误差就是指通用计数器内（或外部接入）的晶体振荡器的准确度。凡是使用时标和闸门时间标准信号的功能都存在此项误差，如测频、测周、测时间间隔等。而测频率比、累加计数等功能中不存在该项误差。

为了使标准频率误差对测量结果产生的影响足够小，应认真选择晶振的准确度。一般说来，通用计数器显示器的位数愈多，所选择的内部晶振准确度就应愈高。例如，7 位数字的通用计数器一般采用准确度优于 10^{-7} 数量级的晶体振荡器。这样，在任何测量条件下，由标准频率误差引起的测量误差，都不大于 ±1 误差所引起的测量误差。

2. 误差分析

1）频率测量误差

频率测量误差主要由量化误差决定。

$$\frac{\Delta f_x}{f_x} = \pm \frac{1}{N} = \pm \frac{1}{f_x T} = \pm \frac{1}{K_f T_s f_x} \tag{5-42}$$

可见，频率测量误差与被测信号频率和闸门有关，当被测信号 f_x 频率一定时，增大闸门时间 T 就可以减小频率测量误差。当被测信号 f_x 频率相当低时，由于频率测量误差较大而不宜采用直接测频方法，可采用测量周期法先测出 T_x，然后再求 f_x。

2）周期测量误差

周期测量误差主要由量化误差决定。

$$\frac{\Delta T_x}{T_x} = \frac{\Delta N}{N} = \pm \frac{1}{N} = \pm \frac{T_s}{T_x} = \pm f_x \cdot T_s \tag{5-43}$$

可见，量化误差对测量误差的影响随着被测信号频率的升高而增大，这与测量频率时正好相反。

3）中界频率

由频率测量误差和周期测量误差的分析可知，被测信号 f_x 较大时采用测频方法，被测信号 f_x 较小时采用测周方法，那么如何判断被测信号 f_x 是大还是小呢？在测频与测周之间，存在一个中界频率 f_m，当被测信号 f_x 大于中界频率时，应采用测频；当被测信号 f_x 小于中界频率时，应采用测周。

$$f_m = \frac{1}{\sqrt{T_s T_0}} \tag{5-44}$$

思考与练习

1. 以低频模拟信号发生器为例，简述其如何实现输出不同频率、不同幅度和不同波形的电信号。

2. 某低频信号发生器的衰减开关放在 20 dB 处，调节输出旋钮使指示电压表的读数分别为 1 V、3 V，问实际输出电压分别为多少？若指示电压表的表针指在 5 V 处，而衰减开关分别处于 40 dB、60 dB 处，问实际输出电压分别为多少？

3. 交流电压可用哪些参数来表征，有何相互关系？

4. 写出图 5-47 所示波形的全波平均值、正峰值、负峰值、峰-峰值和有效值。

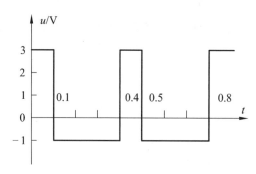

图 5-47

5. 用全波式均值电压表和峰值电压表分别测量两路方波信号的电压值，示值均显示为 10 V，问两路被测信号的电压有效值是否一致？大小分别是多少？

6. 下面四种 DVM 最大读数为（1）9 999；（2）19 999；（3）59 999；（4）1 999。它们各属于几位表？求第二种电压表在 0.2V 量程测量时的分辨力。

7. 用一台 $4\frac{1}{2}$ 位 DVM 2 V 档测量 1.2 V 电压，已知该仪器的固有误差为 ±0.05%×读数 ±0.01%×满度，求由于固有误差产生的测量误差，它的误差相当于几个字。

8. 示波器的测试功能有哪些？简述通用示波器的主要组成。

9. 已知示波器时间因数为 0.1 ms/div，偏转因数为 0.2 V/div，探极衰减系数为 10∶1，显示波形如图 5-48 所示，试求被测正弦波的有效值、周期和频率。

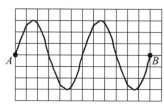

图 5-48

10. 已知示波器偏转灵敏度 $D_y = 0.2$ V/cm，荧光屏有效宽度 10 cm。

（1）若扫描速度为 0.05 ms/cm（放"校正"位置），所观察的波形如图 5-49 所示，求被测信号的峰-峰值及频率。

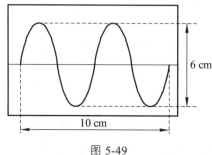

图 5-49

（2）若想在屏上显示 10 个周期该信号的波形，扫描速度应取多大？

11. 通用电子计数器的测试功能有哪些？

12. 通用电子计数器测量频率、周期时存在那些主要误差？如何减小这些误差？

13. 简述在电子计数器测频过程中，量化误差是怎么产生的，如何尽量减小？

14. 电子计数器多周期法测量周期。已知被测信号重复周期为 50 μs，计数值为 100 000，内部时标信号频率为 1 MHz。保持电子计数器状态不变，测量另一未知信号，已知计数值为 15 000，求未知信号的周期是多少。

15. 要用电子计数器测量一个 $f_x = 1$ kHz 的信号频率，采用测频（选闸门时间为 1 s）和测周（选时标 0.1 ms）两种方法，试比较两种方法由 ±1 误差所引起的测量误差。

第六章　智能仪器

建设智能铁路是当今世界铁路科技发展的趋势，现代信息技术及人工智能技术将加速与铁路产业的融合，中国及世界各国铁路同行均在积极探索以智能铁路为代表的未来铁路交通技术。作为 2022 年冬奥会的配套工程，智能京张高速铁路工程目前正在稳步推进，它将成为我国第一条真正意义上的智能化铁路。这条铁路将采用云计算、物联网、大数据、人工智能、移动互联网等先进技术，推进以 BIM（Building Information Modeling，建筑信息模型化）+GIS（Geographic Information System，地理信息系统）为支撑的智能建造，实现铁路工程建设过程的精益、智慧、高效、绿色协同发展，构建全生命周期一体化的智能铁路设施，打造智能车站、智能列车、智能线路，全面提升工程建设、安全生产、运营管理、客运服务的现代化水平。例如，现在车站中广泛使用的智能进站安检仪，只要将车票和身份证同步放入仪器，仅需 1.7 s，计算机就能现实人脸与身份证信息比对，通过安检进站，比目前的人工安检速度提升了数倍，这就是典型的智能仪器案例。

第一节　智能仪器概述

智能仪器是含有微型计算机或者微型处理器的测量仪器，拥有对数据的存储、运算、逻辑判断及自动化操作等功能。它是由传统的电子仪器发展而来的，但在结构和内涵上已经发生了本质的变化。

一、从传统仪器到智能仪器

前面章节已经有所介绍，仪器、仪表是信息获取、认识世界的工具，是一个系统或装置。它最基本的作用是延伸、扩展、补充或代替人的听觉、视觉、触觉等器官的功能。按应用可分为测量仪器、分析仪器、生物医疗仪器、地球探测仪器、天文仪器、航空航天航海仪表、汽车仪表，以及交通运输、电力、石油、化工仪表等，遍及国民经济各个部门，深入人民生活的各个角落。

传统测试计量仪器按照被测量的不同主要可分为以下八类。

（1）几何量：长度、角度、相互位置、位移、距离测量仪器等。

（2）机械量：各种测力仪、硬度仪、加速度与速度测量仪、力矩测量仪、振动测量仪等。

（3）热工量：温度、湿度、流量测量仪器等。

（4）光学参数：光度计、光谱仪、色度计、激光参数测量仪、光学传递函数测量仪等。

（5）电离辐射：各种放射性、核素计量、X 射线、γ 射线及中子计量仪器等。

（6）时间频率：各种计时仪器与钟表、铯原子钟、时间频率测量仪等。

（7）电磁量：交/直流电流表、电压表、功率表、RLC 测量仪、静电仪、磁参数测量仪等。

（8）电子参数：无线电参数测量仪器，如示波器、信号发生器、相位测量仪、频谱分析仪、动态信号分析仪等。

以上八类测试计量仪器尽管测试对象不同，但有共同的测试理论，而且其测量的数字化、测量过程的自动化、数据处理的程序化等共性技术都成为现代仪器设计的主要内容。

回顾电子仪器的发展历程，我们可以发现，从仪器使用的器件来看，大致经历了三个阶段，即真空管时代、晶体管时代和集成电路时代。若从仪器的工作原理来看，又可以分为四个阶段，即模拟式电子仪器（又称指针式仪器）、数字式电子仪器、智能型仪器和虚拟仪器。

近年来，智能仪器已开始从较为成熟的数据处理向知识处理发展。模糊判断、故障诊断、传感器融合、机件寿命预测等技术，使智能仪器的功能向更高的层次发展。智能仪器对仪器、仪表的发展及科学实验研究产生了深远影响，是仪器设计的里程碑。

二、智能仪器的基本组成

智能仪器一般是指采用了微处理器（或单片机）的电子仪器。由智能仪器的基本组成可知，在物理结构上，微型计算机包含于电子仪器中，微处理器及其支持部件是智能仪器的一个组成部分。但是，从计算机的角度来看，测试电路与键盘、通信接口及显示器等部件一样，可看作是计算机的一种外围设备。因此，智能仪器实际上是一个专用的微型计算机系统，它主要由硬件和软件两大部分组成。

1. 硬件部分

硬件部分主要包括主机电路、模拟量（或开关量）输入输出通道、人-机联系部件与接口电路、串行或并行数据通信接口等，其组成结构如图 6-1 所示。

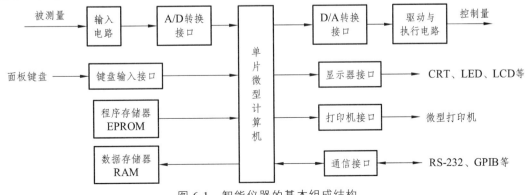

图 6-1　智能仪器的基本组成结构

智能仪器的主体部分是由单片机及其扩展电路（程序存储器 EPROM、数据存储器 RAM 及输入/输出接口等）组成的。主机电路是智能仪器区别于传统仪器的核心部件，用于存储程序、数据，执行程序并进行各种运算、数据处理和实现各种控制功能。输入电路和 A/D 转换接口构成输入通道；D/A 转换接口及驱动电路构成了输出通道；键盘输入接口、显示器接口及打印机接口等用于沟通操作者与智能仪器之间的联系，属于人-机接口部件；通信接口则用来实现智能仪器与其他仪器或设备交换数据和信息。

2. 软件部分

智能仪器的软件包括监控程序和接口管理程序两部分。其中，监控程序主要是面向仪器操作面板、键盘和显示器的管理程序。其内容包括：通过键盘操作输入并存储所设置的功能、操作方式与工作参数；通过控制 I/O 接口电路对数据进行采集；对仪器进行预定的设置；对所测试和记录的数据与状态进行各种处理；以数字、字符、图形等形式显示各种状态信息，以及测量数据的处理结果等。

接口管理程序主要面向通信接口，其作用是接收并分析来自通信接口总线的各种有关信息、操作方式与工作参数的程控操作码，并通过通信接口输出仪器的现行工作状态及测量数据的处理结果，以响应计算机的远程控制命令。

3. 智能仪器的工作过程

智能仪器的工作过程是：外部的输入信号（被测量）先经过输入电路进行变换、放大、整形和补偿等处理，然后再经模拟量通道的 A/D 转换接口转换成数字量信号，送入单片机。单片机对输入数据进行加工处理、分析、计算等一系列工作，将运算结果存入数据存储器 RAM 中。可通过显示器接口将运算结果送至显示器显示；可将其通过打印机接口送至微型打印机打印输出；可以将输出的数字量经模拟量通道的 D/A 转换接口转换成模拟量信号输出，并经过驱动与执行电路去控制被控对象；还可以通过通信接口（例如 RS-232、GPIB 等）实现与其他智能仪器的数据通信，完成更复杂的测量与控制任务。

三、智能仪器的主要功能和特点

单片机的出现与应用对科学技术的各个领域都产生了极大的影响，与此同时，也导致了一场仪器、仪表技术的巨大变革。单片机影响着智能仪器对测试过程的控制和对测试数据、结果的处理。智能仪器的主要功能和特点表现在：

1. 具有友好的人-机对话功能

智能仪器使用键盘代替了传统仪器中的切换开关，操作人员只需通过键盘输入命令，就能实现某种测量功能。与此同时，智能仪器还可以通过显示屏将仪器的运行情况、工作状态，以及对测量数据的处理结果及时告诉操作人员，使仪器的操作更加方便、直观。

2. 自动校正零点、满度和切换量程

智能仪器的自校正功能大大降低了因仪器的零点漂移和特性变化所造成的误差，而量程的自动切换又给使用带来了很大的方便，并可以提高测量精度和读数的分辨率。

3. 多点快速检测

智能仪器能对多个参数（模拟量或开关量信号）进行快速、实时检测，以便及时了解生产过程的各种工况。

4. 自动修正各类测量误差

许多传感器的固有特性是非线性的，且受环境温度、压力等参数的影响，从而给智能仪器带来了测量误差。在智能仪器中，只要能掌握这些误差的规律，就可以依靠软件进行修正。常见的有测温元件的非线性校正、热电偶冷端温度补偿、气体流量的温度压力补偿等。

5. 数字滤波

通过对主要干扰信号特性的分析，采用适当的数字滤波算法，可以有效地抑制各种干扰（例如低频干扰、脉冲干扰）的影响。

6. 数据处理

智能仪器能实现各种复杂运算，对测量数据进行整理和加工处理，如统计分析、查找排序、标度变换、函数逼近和频谱分析等。

7. 各种控制规律

智能仪器能实现 PID 及各种复杂的控制规律，例如，可进行串级、前馈、解耦、非线性、纯滞后、自适应、模糊等控制，以满足不同控制系统的需要。

8. 多种输出形式

智能仪器的输出形式有数字（或指针）显示、打印记录和声光报警等，也可以输出多点模拟量（或开关量）信号。

9. 数据通信

智能仪器配有 GP-IB、RS-232、RS-485 等标准的通信接口，可以很方便地与其他仪器和计算机进行数据通信，以便构成不同规模的计算机测量控制系统。

10. 自诊断和故障监控

在运行过程中，智能仪器可以自动地对仪器本身各组成部分进行一系列的测试，一旦发现故障即能报警，并显示出故障部位，以便及时处理。有的智能仪器还可以在故障存在的情

况下，自行改变系统结构，继续正常工作，即在一定程度上具有容忍错误存在的能力。

11. 掉电保护

仪器内部装有后备电池和电源自动切换电路。当掉电时，能自动地将电池接至 RAM，使数据不致丢失。也可以采用电可擦除只读存储器 EEPROM 来代替 RAM，存储重要数据，以实现掉电保护的功能。

也许在一些常规仪器中，通过增加器件或变换电路也能或多或少地实现以上的一些功能，但往往要付出较大的代价。性能上的些许提高，会使仪器的成本大大增加。而在智能仪器中，性能的提高、功能的扩大是比较容易实现的，往往不会使仪器成本大幅度增加。低廉的单片机芯片使得智能仪器具有较高的性能价格比。

四、智能仪器的发展趋势

智能仪器的发展趋势主要表现在：

1. 微型化

智能仪器的微型化是指将微电子技术、微机械技术、信息技术等综合应用于智能仪器的设计与生产中，从而使仪器成为体积较小、功能齐全的智能化仪器。它能够完成信号采集，线性化处理，数字信号处理，控制信号的输出、放大，与其他仪器接口，以及人机交互等功能。微型智能仪器随着微电子技术、微机械技术的不断发展，其技术不断成熟，价格不断降低，应用领域也必将不断扩大。它不但具有传统仪器的功能，而且能在自动化技术、航天、军事、生物技术、医疗等领域起到独特的作用。

2. 多功能化

多功能本身就是智能仪器的一个特点。例如，为了设计速度较快和结构较复杂的数字系统，仪器生产厂家制造了将脉冲发生器、频率合成器和任意波形发生器等多种功能合一的函数发生器。这种多功能的综合型产品不但在性能上（如准确度）比专用脉冲发生器和频率合成器高，而且在各种测试功能上提供了较好的解决方案。

3. 人工智能化

人工智能是计算机应用的一个崭新领域，它利用计算机模拟人的智能，被应用于机器人、医疗诊断、专家系统、推理证明等各个领域。智能仪器的进一步发展将含有一定的人工智能，即代替人的一部分脑力劳动，从而在视觉（图形及色彩辨读）、听觉（语音识别及语言领悟）、思维（推理、判断、学习与联想）等方面具有一定的能力。这样，智能仪器可以无需人的干预而自主地完成检测或控制功能。显然，人工智能在现代仪器中的应用，使我们不仅可以解决用传统方法很难解决的一类问题，而且还可望解决用传统方法根本不能解决的一些问题。

4. 部分结构虚拟化

测试仪器的主要功能都是由数据采集、数据分析和数据显示等三大部分组成的。随着计算机应用技术的不断发展，人们利用 PC 机强大的图形环境和在线帮助功能，建立了图形化的虚拟仪器面板，完成了仪器控制、数据采集、数据分析和数据显示等功能。因此，只要额外提供一定的数据采集硬件，就可以与 PC 机组成测量仪器。这种基于 PC 机的测量仪器称之为虚拟仪器。在虚拟仪器中，使用同一个硬件系统和不同的软件编程，就可以得到功能完全不同的测量仪器。可见，软件系统是虚拟仪器的核心。因此，也有人称"软件就是仪器"。

5. 通信与控制网络化

在系统编程技术（In System Programming，ISP）是对软件进行修改、组态或重组的一种最新技术。ISP 技术消除了传统技术的某些限制和连接弊病，有利于在板设计、制造与编程。ISP 硬件灵活且易于软件修改，便于设计开发。 由于 ISP 器件可以像任何其他器件一样在印刷电路板（PCB）上处理，编程 ISP 器件不需要专门的编程器和较复杂的流程，只通过 PC 机、嵌入式系统处理器，甚至 Internet 远程网就可进行编程。

第二节　数据采集技术

传感器输出的信号经过预处理转变为电压模拟信号后，还必须通过模拟量输入通道进入计算机系统进行数据处理。数据采集系统就是用于解决这一问题的。

一、数据采集系统的组成

典型的数据采集系统如图 6-2 所示，它主要包括多路模拟开关 MUX、信号滤波与放大电路 IA、采样保持器 SHA、模数转换器 ADC 等。数据采集要经过采样和量化两个主要步骤。采样过程是将被测的连续信号离散化，从连续信号中抽取采样时刻的信号值。采样过程由多路开关、采样保持器完成，如果被测信号的变化很缓慢，也可以不采用采样保持器。多路开关将各路信号轮流切换到输入端，对各路信号分时采样。ADC 转换器将采样信号量化，并将转换成的数字信号输入计算机。滤波器和放大器可以根据被测信号的大小及干扰的强弱进行选用。

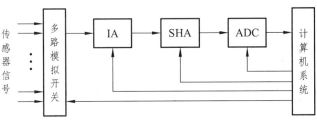

图 6-2　典型数据采集系统

二、数据采集系统的配置

根据仪器对数据采集装置的技术要求的不同,可以构成不同结构的数据采集装置,这就要求能按照需求去构成一个具有高性价比的数据采集系统。在确定数据采集系统的结构时,需要认真考虑参数变化的速率、分辨率、精度和通道数等问题。应该根据不同的要求,选择不同的配置方案。

1. 分时采集系统

分时采集系统的结构形式如图 6-3 所示。对于单极性转换,满刻度电压范围通常为 0 ~ +5 V,或 0 ~ +10 V。双极性转换通常为 ± 5 V 或 ± 10 V,ADC 转换器输入电阻不高,通常为 5 ~ 205 kΩ,所以仅用一个 ADC 来完成数据采集任务的场合很少,一般都与测量放大器配合使用。

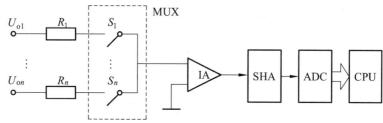

图 6-3　分时采集系统的结构形式

然而,这种方式也有不足之处,主要表现在:

(1)当传感器的输出电压较小时,对多路模拟开关的要求很高,甚至要求能接收微弱的信号,一般的多路模拟开关很难满足要求。

(2)ADC 转换器的转换过程需要一定的时间,一般在几十微秒到几十毫秒。因此,当通道数较多及输入信号的变化较快时,即使采用高速的 ADC 也难以胜任。

(3)这种采集系统是分时采样,每采样一次就进行 A/D 转换,送入内存后才对下一个采样点进行采样。因此每个采样点之间存在一个时间差(几十到几百微秒),这就使得各通道采样值在时间轴上产生扭斜现象。输入通道的数目越多,这种扭斜现象越严重。

由此可见,这种结构形式适用于缓慢变化过程对象及传感器输出电压较高的场合。

如图 6-4 所示的结构与图 6-3 有所不同,每个通道有一个 IA,并共享一个 ADC。由于仅使用了一个 ADC,因此经济性较好,而且高电平模拟信号对多路模拟开关的精度要求不严格,这样多路模拟开关可能引入的误差要比前一种方式小得多。

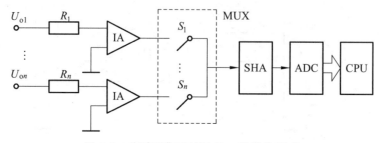

图 6-4　分时采集系统的另一种结构形式

2. 同时采集系统

同时采集系统的结构形式如图 6-5 所示，每个通道有一个 IA 和一个 ADC。由于它采用了多个 IA 和 ADC，所以成本较高。但是，这种方案能够很好地满足同时检测多个模拟信号的要求。由于各个通道能同时进行 A/D 转换，因此，这种方案适用于高速的数据采集系统。

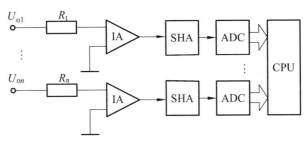

图 6-5　同时采集系统的结构形式

上述三种方案的多路转换结构全是单端形式。它们的共同特点是各输入信号以一个公共点为参考点，并通过导线将这个公共点与放大器、ADC 的参考点连接起来。由于这个公共点可能与 IA 和 ADC 的参考点不在同一点位，由此出现了电位差 U_{CM}，从而导致干扰电压的引入，造成测量误差。

3. 差动结构形式

差动结构形式如图 6-6 所示。IA 接成差动输入、单端输出，多路模拟开关采用双通道输出结构，信号源的参考点和 IA、ADC 的参考点不需要用导线连接。从而具有较强的抑制共模干扰能力。若采集的信号为低电平，则可以采用这种结构方式来抑制长传输线引起的严重干扰。这种方式允许扫描的通道数只是实际模拟开关数的一半。

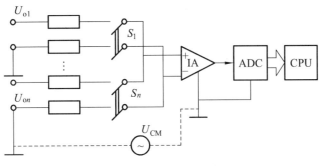

图 6-6　差动结构形式

4. 模拟量隔离的结构形式

采用差动结构方式可以消除共模干扰的影响，但对于干扰严重的生产现场（如在冶金、电力等工业中），来自现场的输入信号（传感器输出信号）会叠加出非常大的共模干扰。共模干扰的主要原因在于传感器和模拟电路部分的双重接地形成了回路，从而引进了共模电压。因此必须对来自现场的输入信号采取隔离措施，如果使信号源接地点和模拟输入电路（IA、SHA、ADC）之间不共地，就可以切断共模电压的回路（即隔离），有效地抑制干扰。此外，有些巡回检测的生产过程，为了保证正常工作，也需要对模拟信号进行隔离。图 6-7 所示为采用电压-频率变换器（VFC）的隔离形式。

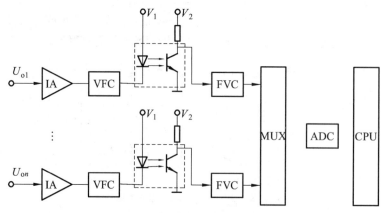

图 6-7　电压-频率变换器隔离形式

采用 VFC 和 FVC 构成的隔离式数据采集装置将模拟信号转变成开关量信号，以实现光电隔离和远距离传递，因而具有隔离性能好、抗干扰能力强、精度高、容易实现的特点，被广泛使用于温度、压力和流量等方面的检测。

三、多路开关及采样保持器

在数据采集系统中，往往需要使用多个传感器进行多点检测，通常采用多参数共用一个 ADC，这就需要多路开关进行分时采样，轮流把各传感器的数据送到 ADC。此外，在数据采集系统中，由于 ADC 的转换过程需要一定的时间，这就需要在 A/D 转换过程中保持采样值不变，否则，将会影响转换精度，特别是在被测信号变化速度比较快的情况下。另一方面，DAC 转换器也是分时工作的，对于每个输出信号，也需要有保持电路。

1. 多路开关

多路开关能够实现多个参数逐个、分时地接通并送入 ADC，即完成从多路到一路的转换。而计算机的输出按照一定的顺序输出到不同的控制回路，这就需要反向多路开关来完成一路到多路的转换。其工作过程与原理和数字电路中介绍的数据选择器相同，这里就不再赘述。

多路开关分为单向多路开关和双向多路开关。双向多路开关既能作为多路开关，实现多到一的转换，又能当作反向多路开关，完成一到多的转换。而单向多路开关只能完成多到一的转换。常见的半导体多路开关有：单向 8 通道多路开关 CD4051，双向 4 通道多路开关 CD4052，三重两通道多路开关 CD4053，单向 16 路多路开关 AD7506 等。

2. 采样保持器

采样保持电路是为了在 A/D 转换过程中，模拟信号能以较高的精度转换为数字信号。由于模拟信号转换为数字信号需要一定的时间，在这段时间里，必须保持采样点的数值不变，才能保证转换的精度，这就是采样保持器的意义所在。

采样保持器（SHA）有两种工作方式：一种是采样方式；另一种是保持方式。这两种方式由方式控制端来选择。在采样方式中，采样保持器的输出跟随模拟输入电压；在保持方式中，采样保持器的输出将保持采样命令发出时刻的输入值，直到保持命令撤销（即转到采样命令）时为止。图 6-8 为采样保持过程的示意图。常见的采样保持器有 AD582、LF198/298/398等。

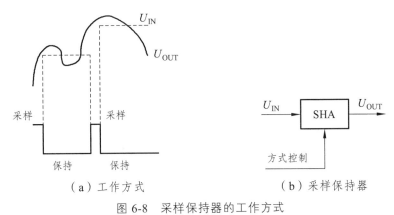

（a）工作方式　　　　　　（b）采样保持器

图 6-8　采样保持器的工作方式

第三节　数据通信技术

在自动检测系统与智能仪器仪表中，各个仪器仪表及组件之间需要不断地进行各种信息的交换和传输，而且需要将它们有机地组合成一个功能完善、性能可靠的整体。不同设备之间进行的数字量信息的交换或传输就称为数据通信。例如，计算机与计算机之间、计算机与检测装置或仪器仪表之间、检测装置或仪器仪表相互之间，经常需要传输各种不同的数据。由于检测装置与仪器仪表功能各异且种类繁多，因此必须使用通用的数据通信接口。

一、串行数据通信技术

串行通信是将数据一位一位地传送。它只需要一根数据线，硬件成本低，而且可以使用现有的通信通道（如电话、电报等），故在智能化测控仪器仪表中，通常采用串行通信方式来实现与其他仪器或计算机系统之间的数据通信。

1. 串行数据通信的基本概念

1）串行数据通信的通路形式

按照设备发送和接收数据的方向，以及能否同时进行数据传输，串行数据通信的通路形式可分为单工形式、半双工形式与全双工形式三种，如图 6-9 所示。单工形式的数据传送是单向的，一方固定为发送端，另一方固定为接收端，只需要一条数据线，如传统的广播、电视等。半双工形式的数据传送是双向的，但任何时刻只能由其中的一方发送，另一方接收，用一条数据线也可以实现，如对讲机等。全双工形式的数据传送是双向的，且可以同时发送和接收，需要两条数据线，如电话、手机等。

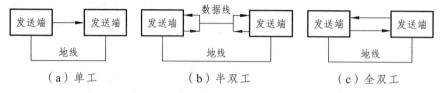

（a）单工　　　　　　　（b）半双工　　　　　　　（c）全双工

图 6-9　串行数据通信的通路形式

2）波特率

串行通信中，数据是按位来传送的。因此，传送速率用每秒传送数据位的数目来表述，称为波特率（Baud Rate），即：1 波特 = 1 b/s（位每秒）。

3）串行数据通信的帧格式

在串行通信中，没有专门的信号线可用来指示接收、发送的时刻，并辨别字符的起始和结束。为了使接收方能够正确地解释接收到的信号，收发双方需要制定并严格遵守通信协议或规程。串行传送有同步和异步两种基本方式，在测控领域，异步通信应用更加普遍。下面以异步传送的通信规程为例介绍串行数据通信的帧格式。

异步通信是以字符为单位传送的。异步传送的每个字符必须由起始位（1 位"0"）开始，之后是 7 位或 8 位数据和 1 位奇偶校验位。数据的低位在先，高位在后，字符以停止位（1位、1 位半或 2 位半逻辑"1"）表示字符的结束，从起始位开始到停止位结束组成 1 帧信息。因此，异步串行传送的 1 帧字符信息由 4 部分组成：起始位、数据位、奇偶校验位和停止位，如图 6-10 所示。停止位后面可能不会立刻紧接下一字符的起始位，这时停止位后面一直维持"1"状态，这些位称为"空闲位"。

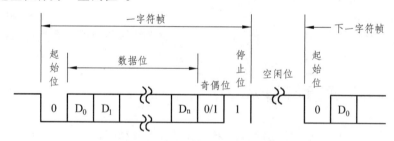

图 6-10　异步串行传送的帧格式

异步传送的标准速率有很多种，目前常用的是 300 b/s、600 b/s、1 200 b/s、2 400 b/s、4800 b/s、9600 b/s 和 19 200 b/s。异步传送对每个字符都附加了同步信息，降低了对时钟的要求，硬件较为简单，但冗余信息所占比例较大，数据的传输速度一般低于同步传送方式。

4）近程通信与远程通信

串行通信有近程和远程之分，它们在信号形式上有所不同。近程通信又称为本地通信，采用数字信号直接传送形式，即在传送过程中不改变原数据代码的波形和频率，这种方式称为基带传送方式。远程通信若采用直接传送方式，信号会发生畸变，为此要把数字信号转变为模拟信号再进行传送，通常使用频率调制法，以不同频率的载波信号代表数字信号的两种不同电平状态，这种方式称为频带传送方式。这一过程通过调制解调完成，承担调制解调任务的设备称为调制解调器（modem）。

2. RS-232C 标准串行接口总线

RS-232C 是美国电子工业协会（EIA）公布的串行通信标准，RS 是英文"推荐标准"的字头缩写，232 是标识号，C 表示该标准修改的次数（3 次）。最初发展 RS-232C 标准是为了促进数据通信在公话网上的应用，通常要采用调制解调器进行远距离数据传输。20 世纪 60 年代中期，将此标准引入计算机领域，目前广泛用于计算机与外围设备的串行异步通信接口中，除了真正的远程通信外，较少采用电话网和调制解调器。

1）总线描述

RS-232C 标准定义了数据通信设备（DCE）与数据终端设备（DTE）之间进行串行数据传输的接口信息，规定了接口的电气信号和接插件的机械要求。RS-232C 对信号开关电平的规定如表 6-1 所示。

表 6-1　RS-232C 信号开关电平定义

电平类别	逻辑"0"	逻辑"1"
驱动器输出电平	$+5 \sim +15$ V	$-5 \sim -15$ V
驱动器输入检测电平	$>+3$ V	<-3 V

RS-232C 采用负逻辑，噪声容限可达 2 V。

RS-232C 标准定义了 25 条信号线，采用标准的 25 芯插头座（也称为 RS-232C 连接器）进行连接。连接器各信号引脚的定义如表 6-2 所示。

表 6-2　RS-232C 信号引脚定义

引脚	定义	引脚	定义
1	保护地（PG）	14	辅助通道发送数据
2	发送数据（TXD）	15	发送时钟（TXC）
3	接收数据（RXD）	16	辅助通道接收数据
4	请求发送（RTS）	17	接收时钟（RXC）
5	清除发送（CTS）	18	未定义
6	数据准备好（DSR）	19	辅助通道请求发送
7	信号地（SG）	20	数据终端准备就绪（DTR）
8	接收线路信号检测（DCD）	21	信号质量检测
9	接收线路建立检测	22	音响指示
10	线路建立检测	23	数据信号速率选择
11	未定义	24	发送时钟
12	辅助通道接收线信号检测	25	未定义
13	辅助通道清除发送		

2）RS-232C 接口的常用系统连接

计算机与检测设备或智能设备通过 RS-232C 标准总线直接互连来传输数据是很有实用价值的，下面介绍几种常见的互连接线的方法。

如果由 RS-232C 连接的两端设备随时都可以进行全双工数据交换，那么就不需要进行握手联络了。此时，如图 6-11 所示的全双工标准系统连接就可以简化为图 6-12 所示的全双工最简系统连接。

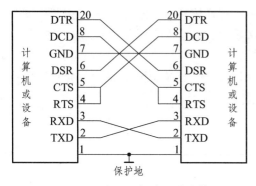

图 6-11 全双工标准系统连接

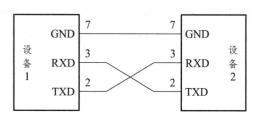

图 6-12 全双工最简系统连接

RS-232C 发送器电容负载的最大驱动能力为 2 500 pF，这就限制了信号线的最大长度。例如，如果采用每米分布电容约为 150 pF 的双绞线通信电缆，则最大传输距离限制在 15 m。如果使用分布电容较小的同轴电缆，则传输距离可以再增加一些。对于长距离传输或无线传输，则需要用调制解调器通过电话线或无线收发设备连接，如图 6-13 所示。

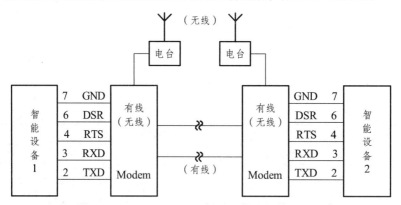

图 6-13 调制解调器通信系统连接图

3）电平转换

在检测装置、智能仪器及计算机内，通用的信号是正逻辑的 TTL 电平。而 RS-232C 的逻辑电平为负逻辑的 ±12 V 信号，与 TTL 电平不兼容，必须进行电平转换。用于电平转换的集成电路芯片种类很多，RS-232C 总线输出驱动器有 MC1488、SN75188、SN75150 等，总线接收器有 MC1489、SN75199、SN75152 等，其中 MC1488 和 MC1489 的应用方法如图 6-14 所示。为了把 +5 V 的 TTL 电平转换为 −2 ～ +12 V 的 RS-232C 电平，输出驱动器需要 ±12 V 电源。近年问世的一些 RS-232C 接口芯片采用单一的 +5 V 电源，其内部已经集成了 DC/DC 电源转换系统，而且输出驱动器与接收器制作在同一芯片中，使用更为方便，如

MAX232、ICL232 等。

（a）MC1488   （b）MC1489

图 6-14 RS-232C 与 TTL 电平转换器

3. RS-422 与 RS-485 标准串行接口总线

美国电子工业协会（EIA）于 1978 年颁布了 RS-422 标准，其目的在于提高串行通信的电气特性，同时在数据格式上与 RS-232C 保持兼容。RS-422 在发送端通过传输线驱动器，把逻辑电平变换成分别为同相和反相的一对差分信号。在接收端，通过传输线接收器将差分信号转换成逻辑电平。由于差分信号及其有关电路具有对共模噪声的抑制能力，RS-422 可以实现比 RS-232C 更远的传输距离和更高的传输速率。传输速率为 10 Mb/s 时，电缆的长度可达 120 m；如果采用 90 kb/s 的低传输速率，则传输距离可达 1 200 m。

在许多工业控制及通信联络系统中，往往是多点互连而不是两点互连，而且大多数情况下，在任一时刻只有一个主控模块（点）发送数据，其他模块（点）处在接收数据的状态，于是就产生了主从结构形式的 RS-485 标准。RS-485 在电气标准上与 RS-422 相同，可以使用与 RS-422 完全相同的接口芯片。RS-485 标准允许最多并联 32 台驱动器和 32 台接收器。

二、并行数据通信技术

在电子测量与智能仪器领域，并行数据通信接口的应用非常广泛，如 S-100 总线、STD 总线、GPIB 总线和 VXI 总线等。就目前的情况来看，使用最为普遍的并行数据通信接口主要是 GPIB 总线和 VXI 总线。

1. GPIB 标准接口总线系统

GPIB 是国际通用的仪器接口标准，目前生产的智能仪器几乎无一例外地都配有 GPIB 标准通用接口。GPIB 是一种数字系统，可实现测量仪器、计算机，以及各种专用仪器控制器和自动测试系统之间的快速双向通信。

GPIB 的软、硬件技术及产品遵从 IEEE-488 接口标准。1975 年，美国电气及电子工程师协会（IEEE）颁布了 IEEE-488 标准。1987 年，IEEE 又将 IEEE-488 标准进行修订并定名为 IEEE-488.1，同时颁布了 IEEE-488.2。后者对器件消息的编码格式进行了进一步的标准化规范。

1）GPIB 接口系统

GPIB 的接口系统如图 6-15 所示，每一台使用 GPIB 的仪器都可以划分为 3 个部分，即初级接口、次级接口和仪器本体。初级接口又称为接口功能，对它的设计必须符合 GPIB 标准的有关规定，仪器或系统设计者无权自由行事，否则将与其他仪器产生不兼容。次级接口和仪器本体则是与仪器特性密切关联的，这两部分合在一起称为器件功能，它们可由仪器设计者自行处理，不受接口标准的约束。

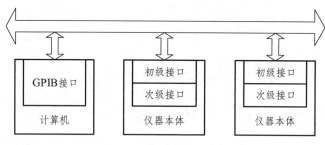

图 6-15　GPIB 接口系统

GBIP 系统结构可以有两种形式，即总线型结构和星形结构，如图 6-16 所示。

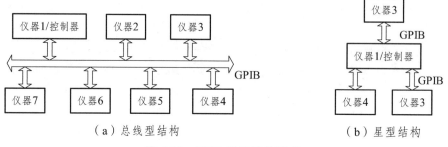

（a）总线型结构　　　　　　　　　　（b）星型结构

图 6-16　GPIB 系统结构形式

2）GPIB 连接器

GPIB 通过无源的标准电缆将有关的器件连接在一起。GPIB 使用负逻辑（标准的 TTL 电平），任意一根线上都以零逻辑代表"真"条件，这样做的原因之一是负逻辑方式能够提高对噪声的防御能力。通信电缆通过标准的连接器与设备连接，GPIB 标准连接器及引脚信号如图 6-17 所示。

GPIB 传输的信息分为两种，即基于器件的信息和连接信息。基于器件的信息通常也称为数据信息，包括编程指令、测量结果、机器状态或数据文档等；连接信息也称为命令信息，它们的任务是对总线本身进行管理。

3）GPIB 的器件

配备 GPIB 的器件，在整个系统中根据其运行功能的不同，可以分为讲者器件、听者器件和控者器件。

图 6-17　GPIB 标准连接器及引脚信号

讲者是通过总线发送仪器消息的仪器器件（如测量仪器、数据采集器、计算机等），在一个 GPIB 系统中，可以设置多个讲者，但在某一时刻，只能有一个讲者起作用。听者是通过总线接收由讲者发出消息的仪器装置（如打印机、信号源等），在一个 GPIB 系统中，可以设置多个听者，并且允许多个听者同时工作。控者是数据传输过程中的组织者和控制者，例如，对其他设备进行寻址，或允许讲者使用总线等，控者通常由计算机担任。当系统采用多个计算机时，其中任意一个都可以是控者，但是只能有一个是积极的控者，或叫作执行控者。GPIB 系统不允许有两个或两个以上的控者同时起作用。

4）GPIB 的信号与连线

GPIB 标准接口总线中有 16 条信号线和 8 条地回送线。

（1）8 条数据线（$DIO_1 \sim DIO_8$）：它们以并行方式传送数据，每条线传送一位，其中前 7 位构成 ASCII 码，最后 1 位用于奇偶校验等。

（2）5 条管理控制线：其中 ATN 为提醒线，用于通告当前数据类型，说明总线上传递的消息是接口消息，还是仪器消息；IFC 为接口清理线，用于控制总线的异步操作，它只能由控者来控制；REN 为远程使能线，由控者用来将器件置入远程状态；EOI 为终止或识别线，由某些器件用来终止它们的数据输出；SRQ 为服务请求线，用于器件向执行控者发出服务请求。

（3）3 条挂钩联络线：它们用于控制各器件之间数据字节准确无误地发送和接收。其中 DAV 用于指出数据线上的信号是否稳定、有效和能否被器件验收；NRFD 用于指出一个器件是否已经准备好接收数据；NDAC 用于指出器件是否已经收到数据。

2. VXI 总线

1981 年，Motorola 公司针对 32 位微处理器 68000 开发了 VME（Versa bus Module European）微机总线。VXI（VME bus Extensions for Instrumentation）总线是 VME 总线标准在仪器领域的扩展，由 HP 等 5 家仪器制造商于 1987 年联合推荐，是当前仪器系统中得到广泛应用和发展的一个并行总线标准。

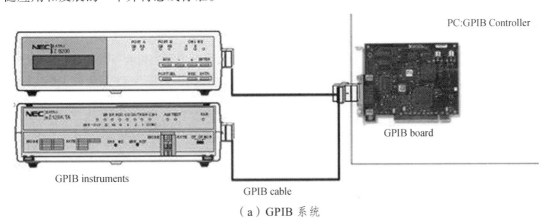

（a）GPIB 系统

（b）VXI 系统

图 6-18　GPIB 系统与 VXI 系统的比较

VXI 总线系统与 GPIB 系统的主要区别在于：VXI 的全部器件都是插件式的，对插件以及对应的主机架尺寸有严格的要求，而 GPIB 器件可以分立摆放或堆架叠放，对尺寸无统一要求。采用 VXI 总线标准的仪器系统，具有结构紧凑、吞吐量大和配置灵活等特点，可以组成高性能的不同规模的数据采集和功能测试装置和系统。

1）VXI 系统的结构

VXI 系统的全部器件都采用插件式结构，对插件及其对应的主机架尺寸有着严格的要求。VXI 仪器采用了数据速率高达 40 Mb/s 的 VME 总线作为机箱主板总线。主板总线在功能上相当于连接独立仪器的 GPIB 总线，且具有更高的吞吐率。控制器也做成 IAC 并挂接在主板总线上进行总线上的各种活动调度和控制。这样，在一个机箱内基本集成了整个 GPIB 总线系统的功能。采用 VXI 总线的测试系统最多包含 256 个器件，其中每台主机架构成一个子系统，每个子系统最多包含 13 个器件，大体相当于一个普通 GPIB 系统，但多个 VXI 子系统可以组成一个更大的系统。在一个子系统内，电源和散热装置为主机架内全部器件所共用，这明显地提高了系统资源利用率。全部 VXI 总线集中在高质量、多层印制电路板内，有着良好的电磁兼容性能，插件与 VXI 总线通过连接器连接。

2）VXI 插件及连接器

VXI 总线具有严格的机械和电气标准，共定义了 4 种仪器模板的尺寸：A 型（10 cm × 16 cm）、B 型（23.3 cm × 16 cm）、C 型（23.3 cm × 34 cm）和 D 型（36.7 cm × 34 cm）。其中，A、B 两种是 VME 已定义的且具有真正含义的 VME 模板；C、D 两种是 VXI 标准专门定义的适用于更高性能仪器的尺寸，应用最多的是 C 尺寸模板。VXI 仪器系统采用可变尺寸结构，允许小尺寸模板插入大机箱中。VXI 系统的机箱除了外壳和背板之外，还提供 VXI 系统的工作电源系统和冷却系统等。VXI 总线还定义了模板与底板总线插接的 3 个 96 针连接器标准，分别称为 P1、P2、P3。VXI 系统的模板尺寸和连接器（P1、P2、P3）的总线分布如图 6-19 所示。

连接器是 VME 或 VXI 总线必须配备的基本连接器，它包括数据传输总线（24 位地址和16 位数据）、中断信号线和某些电源线。任选的 P2 连接器适用于除 A 尺寸以外的所有模板，可将数据传输总线扩展到 32 位，还增加了许多资源，如 4 个附加电源电压、局部总线、模块识别总线（允许确定模块的槽编号）等。此外，还有 TTL 和 ECL 触发总线和 10 MHz 差分ECL 时钟信号等。任选 P3 连接器只用于 D 尺寸模板，对 P2 提供的资源进一步扩展，又提供了 24 根局部总线、附加的 ECL 触发线、100 MHz 时钟和用于精密同步的星形触发线等，以适合特殊用途。

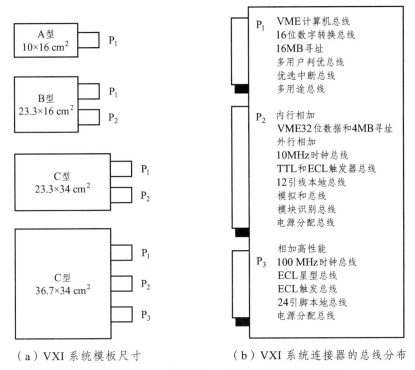

（a）VXI 系统模板尺寸　　　（b）VXI 系统连接器的总线分布

图 6-19　VXI 系统模板尺寸和连接器的总线分布

3）VXI 器件

VXI 系统的通信协议是针对器件通过数据传输总线的通信制定的。VXI 器件指具有逻辑地址的单元，不一定是一个仪器。例如，CPU、存储器、ADC、DAC、接口、计算机、数字多用表、逻辑分析仪等均可能成为 VXI 器件。根据它们在通信中的地位大体可分为 4 类。

（1）以寄存器为基础的器件，简称寄存器基器件。这是最简单的一种 VXI 器件，常用来作为简单仪器或开关模块的基本部分。它的通信只通过寄存器的读写操作来完成，因此，速度很快。

（2）以消息为基础的器件，简称消息基器件。这是 VXI 系统中的智能化程度较高的器件。它除了对以寄存器为基础的器件进行低层次的通信外，还可以利用共享存储器规程和字串行通信规程，在消息基器件间进行高水平的通信。

（3）存储器器件，即存储器插件。它和寄存器基器件相似，可以把它当成一种特殊的以寄存器为基础的器件。

（4）扩展器件。它允许 VXI 系统的特性有更大的扩展范围。

消息基器件和寄存器基器件是 VXI 系统最常用的器件。器件在系统中可能出于命令者或服从者的地位。命令者必须是消息基器件，它占有并指挥服从者。服从者器件被命令者占有和控制，它可以是消息基器件，也可以是寄存器基器件。

三、USB 总线技术

USB（Universal Serial Bus）即通用串行总线，它在传统计算机组织结构的基础上，引入了网络的某些技术，已成为新型计算机接口的主流。USB 是一种电缆总线，支持主机与各式各样"即插即用"外部设备之间的数据传输。多个设备按协议规定分享 USB 带宽，在主机和总线上的设备运行中，仍允许添加或拆除外设。USB 总线具有以下主要特征。

（1）用户易用性。电缆连接和连接头采用单一模型，电气特性与用户无关，并提供了动态链接、动态识别等特性。

（2）应用的广泛性。USB 总线传输速率从 kb/s 量级到 Mb/s 量级，甚至更高，并在同一根电缆线上支持同步、异步两种传输模式。可以对多个 USB 总线设备同时进行操作，利用底层协议提高总线利用率，使主机和设备之间可传输多个数据流和报文。

（3）使用的灵活性。USB 总线允许对设备缓冲区大小进行选择，并通过设定缓冲区的大小和执行时间，支持各种数据传输速率和不同大小的数据包。

（4）容错性强。USB 总线在协议中规定了出错处理和差错校正的机制，可以对有缺陷的设备进行认定，对错误的数据进行校正或报告。

（5）"即插即用"的体系结构。USB 总线具有简单而完善的协议，并与现有的操作系统相适应，不会产生任何冲突。

（6）性价比较高。USB 虽然拥有诸多优秀的特性，但其价格较低。USB 总线技术将外设和主机硬件进行最优化集成，并提供了低价的电缆和连接头等。

目前，USB 总线技术应用日益广泛，各种台式计算机和移动式智能设备普遍配备了 USB 总线接口，同时出现了大量的 USB 外设（如优盘等），USB 接口芯片也日益普及。在智能仪器与自动检测设备中装备 USB 总线接口，既可以方便地连入 USB 系统，从而大大提高设备的数据通信能力，又可使其选用各种 USB 外部设备，增强了功能性。

第四节　虚拟仪器

虚拟仪器(Virtual Instruments,简称 VI)的概念,是美国国家仪器公司(National Instruments Corp，简称 NI) 于 1986 年提出的。虚拟仪器是由计算机硬件资源、模块化仪器硬件和用于数据分析、过程通信及图形用户界面的软件组成的测控系统；是一种由计算机操纵的模块化仪器系统。虚拟仪器技术的提出与发展，标志着 21 世纪自动测试与电子测量仪器技术发展的一个重要方向。

一、虚拟仪器的概念

由于计算机技术的进步，引起了各行业的技术革命。在仪器领域，计算机技术与仪器技术相结合，形成了一种新概念仪器——虚拟仪器。即：用算法代替电子线路，能够实现传统仪器的信号处理功能。同时，结果表达与仪器控制原本就是计算机的"强项"，所以，把传统仪器的后两部分（信号处理、结果表达与仪器控制）用计算机软件来实现，而不再采用硬件

（电子线路）来实现。基于这种思想形成的仪器，就叫虚拟仪器。如图 6-20 所示。

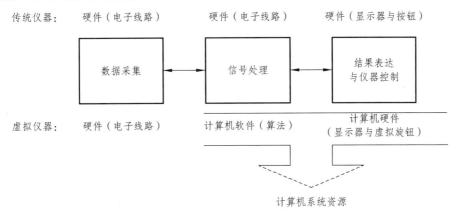

图 6-20　传统仪器与虚拟仪器比较

综上所述，我们给出虚拟仪器的概念：所谓的虚拟仪器，就是在以通用计算机为核心的硬件平台上，由用户设计定义，具有虚拟面板，测试功能由测试软件实现的一种计算机仪器系统。

这里的"虚拟"有两层含义：① 虚拟的仪器面板；② 由软件实现仪器的测量功能（软件就是仪器）。虚拟仪器突破了传统电子仪器以硬件为主体的模式。实际上，使用者是在操作具有测试软件的电子计算机进行测量时，犹如在操作一台虚设的电子仪器，虚拟仪器因此而得名。

虚拟仪器的硬件包括电子计算机和为其配置的必要的电子仪器硬件模块。电子计算机与为其配置的电子仪器测试模块通过编制的计算机测试软件结合起来，组成通用的电子测量硬件平台。使用者通过友好的图形界面（通常是设在电子计算机终端显示屏上图形化的虚拟的菜单式控制机构，这些菜单式的控制机构的图形通常只占显示屏的一部分，形成了虚拟仪器的虚拟前面板），以点击菜单的方式来调控虚拟仪器的性能，就像在操作自己定义、自己设计的一台电子仪器。测量信号受测试软件的调控，经由电子测量硬件平台的采集，再经电子计算机的处理，得到最终的测试结果，并以数据、曲线、图形甚至是多维测试结果模型显示在电子计算机的终端显示屏上（通常占据着电子计算机终端显示屏的主要幅面）。当然，测试结果也可以直接通过计算机网络传送或记录、保存。

二、虚拟仪器的组成

虚拟仪器由硬件和软件两部分组成。虚拟仪器的硬件主体是电子计算机，通常是个人计算机，也可以是任何通用电子计算机。为计算机配置的电子测量仪器硬件模块包括各种传感器、信号调理器、模拟/数字转换器（ADC）、数字/模拟转换器（DAC）、数据采集器（DAQ）等。电子计算机及其配置的电子测量仪器硬件模块组成了虚拟仪器测试硬件平台的基础。虚拟仪器还可以选配开发厂家提供的系统硬件模块，组成更为完善的硬件平台，如图 6-21所示。

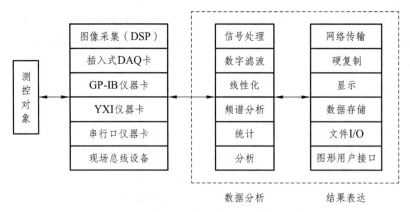

图 6-21 虚拟仪器硬件平台

测试软件是虚拟仪器的"主心骨"。NI 公司在提出虚拟仪器概念并推出第一批实用成果时，就用"软件就是仪器"来表达虚拟仪器的特征，强调软件在虚拟仪器中的极为重要的作用。但这并不排斥测试硬件平台的重要性。NI 公司从一开始就推出了丰富而又简洁的虚拟仪器开发软件。使用者可以根据不同的测试任务，在虚拟仪器开发软件的提示下编制不同的测试软件，来实现当代科学技术复杂的测试任务。虚拟仪器的软件结构如图 6-22 所示，基于软件在虚拟仪器系统中的重要作用，从底层到顶层，将其系统框架分为三个部分：VISA 库、仪器驱动程序、应用软件。

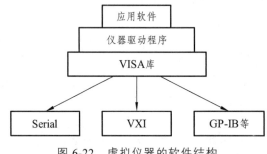

图 6-22 虚拟仪器的软件结构

三、虚拟仪器的发展类型

虚拟仪器根据采用总线方式的不同，可分为五种类型。

1. PC 总线——插卡型虚拟仪器

这种方式借助于插入计算机内的数据采集卡与专用的软件（如 Labview）相结合（注：美国 NI 公司的 Labview 是图形化编程工具，它可以通过各种控件自己组建各种仪器。Labview/cvi 是基于文本编程的高效的编程工具），通过三种编程语言 Visual C++、Visual Basic、Labview/cvi 构成测试系统。它充分利用了计算机的总线、机箱、电源及软件的便利，但是受PC 机机箱和总线限制，且有电源功率不足、机箱内部的噪声电平较高、插槽数目不多、插槽尺寸较小、机箱内无屏蔽等缺点。另外，ISA 总线的虚拟仪器已经淘汰，PCI 总线的虚拟仪器价格比较昂贵。

2. 并行口式虚拟仪器

最新发展的一系列可连接到计算机并行口的测试装置,把仪器硬件集成在一个采集盒内,仪器软件装在计算机上,通常可以完成各种测量测试仪器的功能,可以组成数字存储示波器、频谱分析仪、逻辑分析仪、任意波形发生器、频率计、数字万用表、功率计、程控稳压电源、数据记录仪、数据采集器。美国 LINK 公司的 DSO-2XXX 系列虚拟仪器的最大好处就是可以与笔记本计算机相连,方便野外作业,又可与台式 PC 机相连,实现台式和便携式两用,非常方便。由于其价格低廉、用途广泛,特别适合于研发部门和各种教学实验室应用。

3. GPIB 总线方式的虚拟仪器

GPIB 技术是 IEEE488 标准的虚拟仪器早期的发展阶段。它的出现使电子测量独立的单台手工操作向大规模自动测试系统发展,典型的 GPIB 系统由一台 PC 机、一块 GPIB 接口卡和若干台 GPIB 形式的仪器通过 GPIB 电缆连接而成。在标准情况下,一块 GPIB 接口可带多达 14 台仪器,电缆长度可达 40 m。GPIB 技术可用计算机实现对仪器的操作和控制,替代传统的人工操作方式;可以很多方便地把多台仪器组合起来,形成自动测量系统。GPIB 测量系统的结构和命令简单,主要应用于台式仪器,适合于精确度要求高,但不要求计算机高速传输时的应用。

4. VXI 总线方式虚拟仪器

VXI 总线是一种高速计算机总线 VME 总线在 VI 领域的扩展,它具有稳定的电源,强有力的冷却能力和严格的 RFI/EMI 屏蔽。由于它的标准开放、结构紧凑、数据吞吐能力强、定时和同步精确、模块可重复利用、众多仪器厂家支持的优点,很快得到广泛的应用。经过十多年的发展,VXI 系统的组建和使用越来越方便,尤其在组建大、中规模自动测量系统,以及对速度、精度要求高的场合,有其他仪器无法比拟的优势。然而,组建 VXI 总线要求有机箱、零槽管理器及嵌入式控制器,造价比较高。

5. PXI 总线方式虚拟仪器

PXI 总线方式是 PCI 总线内核技术增加了多板同步触发总线的技术规范和要求形成的,以用于相邻模块的高速通信。PXI 具有高度可扩展性,它具有 8 个扩展槽,而台式 PCI 系统只有 3 或 4 个扩展槽,通过使用 PCI-PCI 桥接器,可扩展到 256 个扩展槽,台式 PC 的性能价格比和 PCI 总线面向仪器领域的扩展优势结合起来,将形成未来的虚拟仪器平台。

虚拟仪器的发展过程有两条线:

(1)GPIB→VSI→PXI 总线方式(适合大型高精度集成系统)。

GPIB 于 1978 年问世,VXI 于 1987 年问世,PXI 于 1997 年问世。

(2)PC 插卡→并口式→串口 USB 方式(适合于普及型的廉价系统,有广阔的应用发展前景)。

PC 插卡式于 80 年代初问世,并行口方式于 1995 年问世,串口 USB 方式于 1999 年问世。

综上所述，虚拟仪器的发展取决于三个重要因素：① 计算机是载体；② 软件是核心；③ 高质量的 A/D 采集卡及调理放大器是关键。

无论哪种 VI 系统，都是将硬件仪器（调理放大器、A/D 卡）搭载到笔记本计算机、台式 PC 或工作站等各种计算机平台上，加上应用软件而构成的。它实现了计算机的全数字化采集、测试、分析，其发展与计算机的发展完全同步，可以看到 VI 具有强大的灵活性和生命力。VI 的崛起是测试仪器技术的一次"革命"，是仪器领域的一个新的里程碑。未来的 VI 完全可以覆盖计算机辅助测试（CAT）的全部领域，几乎能替代所有的模拟测试设备，前景十分光明。基于计算机的全数字测量分析是采集测试分析的未来。

思考与练习

1. 简述智能仪器的基本组成。
2. 请列举一个智能仪器的实例，并说出它的特点。
3. 简述多通道数据采集系统的配置方案。
4. 简述采样/保持器在数据采集系统中的作用。
5. 什么是数据通信？什么是串行通信？
6. 并行数据通信有什么特点？
7. GPIB 和 VXI 各有什么特点？
8. 什么是虚拟仪器？与传统仪器相比有何特点？

参考文献

［1］ 吴昕. 电子测量与智能仪器[M]. 北京：化学工业出版社，2014.

［2］ 杨雷. 电子测量与传感技术[M]. 北京：北京大学出版社，2008.

［3］ 徐科军. 传感器与检测技术[M]. 4版. 北京：电子工业出版社，2017.

［4］ 吴建平. 传感器原理及应用[M]. 3版. 北京：机械工业出版社，2016.

［5］ 陆绮荣. 电子测量技术[M]. 4版. 北京：电子工业出版社，2016.

［6］ 孟凤果. 电子测量技术[M]. 北京：机械工业出版社，2015.

［7］ 曹建平. 智能化仪器原理及应用[M]. 3版. 西安：西安电子科技大学出版社，2017.

［8］ 徐洁. 电子测量与仪器[M]. 2版. 北京：机械工业出版社，2012.

［9］ 宋文绪. 传感器与检测技术[M]. 2版. 北京：高等教育出版社，2009.